科技成果转化
信息服务系统研究

肖国华　著

国家社会科学基金项目（17BTQ065）资助

科学出版社

北　京

内 容 简 介

科技成果转化是以科技创新推动产业创新、加快发展新质生产力的重要抓手。本书率先提出以科技服务机构为政、产、研之外的第四螺旋，并运用互信息测度理论，基于既有的三螺旋算法设计了四螺旋创新协同度计量指标，揭示科技服务机构对原有三螺旋体系开展科技成果转化的催化和促进作用。基于投入-产出评价梳理科技成果转化效率的宏观层面影响因素，结合德尔菲法与网络层次分析法对四螺旋模型下具体操作层面的成果转化影响因素进行研究，还针对科技成果交易双方最核心的信息不对称问题系统地提出解决思路。本书提出基于四螺旋模型、针对前述影响因素、以情报工程学理念建设科技成果转化信息服务系统的具体路径，以期有效促进科技成果转化。

本书适合与科技成果转化相关的信息服务人员、管理人员、科研人员、市场人员、投资人员、技术经理人等多类读者阅读。

图书在版编目（CIP）数据

科技成果转化信息服务系统研究 / 肖国华著. -- 北京：科学出版社，2025.2. -- ISBN 978-7-03-080007-7

Ⅰ. G311

中国国家版本馆 CIP 数据核字第 2024E9R298 号

责任编辑：邓　娟 / 责任校对：姜丽策
责任印制：张　伟 / 封面设计：有道文化

科学出版社 出版
北京东黄城根北街 16 号
邮政编码：100717
http://www.sciencep.com
涿州市般润文化传播有限公司印刷
科学出版社发行　各地新华书店经销
*
2025 年 2 月第　一　版　开本：720×1000　1/16
2025 年 2 月第　一　次印刷　印张：12 1/4
字数：250 000
定价：136.00 元
（如有印装质量问题，我社负责调换）

序　言

当前，新一轮科技革命和产业变革加速演进，科技与产业的融合更加深入，科研范式和经济业态已发生显著变化。科技成果转化是科技创新和产业创新深度融合的途径，是发展新质生产力的重要环节。肖国华研究员多年来致力于科技成果转化的研究，对此有颇深入的见地。

我与国华相识于十五年前。当时他被中国科学院派出援藏，挂职西藏自治区科技信息研究所副所长，一方面积极建设科技信息资源，为西藏科技发展提供支撑；另一方面很努力地在做科技成果转化的工作，希望把适宜西藏自然条件的好技术引入西藏，为当地谋福利。我当时带队到西藏科技厅，把中国科学技术信息研究所和北京万方数据股份有限公司的数字资源与软件工具带过去支援西藏，对国华的工作很欣赏。

去西藏挂职前，国华刚从美国回来不久，他在康奈尔大学做访问学者，学习、研究和交流的也正是科技成果转化（国外通常称为技术转移），其工作还得到了康奈尔大学副教务长的肯定。从科技发达国家到我国科技相对欠发达的地区，科技力量、科研水平的比较可能也让国华更希望能够促进科技成果转化来更好地援藏。

国华后来在南京大学读我和沈固朝教授的博士研究生，继续研究科技成果转化，在研究中吸收了我提出和倡导的情报工程学的理念与思路，因为更大规模、更高效率的科技成果转化需要有工程化及系统化的思路和方案，需要借助科技情报工作来帮助解决成果转化中普遍存在的信息不对称问题；在研究中也更加深刻地认识到科技成果转化工作涉及的多方主体的协同创新的重要性。这些内容在本书中都有系统的分析阐述。

这些年来，国华一直致力于科技成果转化的研究，最近又在加大对科技成果评价的研究力度，而这也是为了促进科技成果转化。他认为科技是推动人类社会向前发展的最根本力量，他没有在科研一线，就希望能够在成果转化方面多做些工作。我赞同国华的想法，欣赏他的努力，也认同他在该书中的主要观点。

希望科技成果转化领域的研究者和工作者能够从该书获益，也希望国华及其研究团队能够持续开展科技成果转化研究，为科技成果转化事业贡献更多力量。

是为序。

中国科技评估与成果管理研究会理事长

2024 年 7 月 15 日

前　　言

　　科学技术是推动人类社会向前发展的根本动力,是第一生产力,但是它并非天然的、直接的生产力,需要有科技成果转化的过程才能转变为促进生产发展的动力。当前我国大力倡导以科技创新推动产业创新,加快发展新质生产力,这需要更加重视发挥桥梁作用的科技成果转化工作。基于四螺旋模型、以情报工程学理念建设科技成果转化信息服务系统,有利于从整体上促进科技成果转化的规模、效率和水平的提高。

　　科技成果转化不是单一的创新主体能够独立完成的工作,它需要不同创新主体的协同创新。本书在经典的三螺旋协同创新模型的基础上,创造性地将信息情报机构、智库咨询机构、技术转移机构、金融投资机构、专业中介机构等科技服务机构作为发挥支撑、纽带、催化、优化作用的第四螺旋引入进来,构建了四螺旋协同创新模型,并运用互信息测度方法,量化证实了科技服务机构作为第四螺旋对原有三螺旋模型和体系在协同创新方面的显著的积极作用,这极有利于提高科技成果转化效率。

　　促进科技成果转化需要了解其影响因素或瓶颈问题。除创新协同度之外,本书从两个角度对科技成果转化效率影响因素进行了分析,一是基于投入-产出评价梳理了科技成果转化效率的宏观层面影响因素,二是结合德尔菲法与网络层次分析法对分布于四螺旋各主体并在四螺旋相互作用下的具体操作层面的科技成果转化效率影响因素的重要性进行了评价。在宏观因素研究方面,本书分析了全国各省区市的科技成果转化投入-产出综合效率以及效率差异的所在阶段,分析了各省区市 10 年科技成果转化投入-产出的全要素生产率;分析了关键影响因素并以数学方法检验,认为产业现代化程度和地区经济发展水平的提高可以促进科技成果转化。在具体操作层面影响因素重要性评价方面,本书邀请了不同政府部门、院所高校、技术型企业、科技服务机构的专家对分布于四螺旋各主体的四大类共 27 项具体影响因素的重要性基于网络层次关系进行两两比较与评分,然后运用网络层次分析法进行分析计算,得出相对重要的科技成果转化效率影响因素,并从中明确与信息或信息咨询服务关联较大的因素。

　　科技成果转化信息服务系统在四螺旋体系中的定位是：第四螺旋科技服务机构中技术转移服务机构和科技信息咨询服务机构的交集部分，服务于全部四支螺旋。综合四螺旋互信息测度、投入-产出评价、德尔菲法与网络层次分析法的结果，本书认为基于四螺旋模型的科技成果转化信息服务的重点是：在新兴产业未来产业或现代化产业领域内率先发展，通过线上线下多种方式和机制措施进一步增强与四螺旋各创新主体的协同度，针对与信息相关的科技成果转化具体影响因素，致力于解决科技成果转化中的信息不对称问题。

　　科技成果供需双方信息不对称是影响科技成果转化效率的关键问题之一。因为科技成果特别是以知识产权为主要载体的科技成果，不同于有形产品，它的技术创新性、先进性、成熟度、适用性、可替代性等方面对于以企业为主的科技成果需求方而言不够清楚，这就影响了价格的议定和交易的达成。本书提出了六种方式来试图解决这一问题：一是专业、客观的第三方科技成果评价；二是技术需求辅助辨识；三是规模化供需信息关联分析；四是包括技术诀窍的部分专利技术的"先试用后付费"模式；五是在科技成果转化类合同里设置对赌条款；六是在科技成果转化信息服务系统中建设和发展局部的技术交易信用评价系统。其中，第四种方式曾在中国科学院的知识产权信息系统中探索过，近年也在东部某省应用过，称为"先用后转"；而第一种方式是中央 2021 年大力提倡的，并在全国广泛试点研究探索和推广，希望能够有效发挥"指挥棒"作用。

　　科技创新和产业创新的形势要求既要在速度上也要在规模上加强科技成果转化。在此背景下，本书认为应以情报工程学理念来建设基于四螺旋模型的科技成果转化信息服务系统。在数据信息组织与数据库建设方面，本书提出了与科技成果转化相关的、来源或服务于四螺旋各主体的 12 类的数据信息组织与数据库建设；在软件工具集成应用与开发方面，本书提出了针对科技成果转化效率影响因素且面向四螺旋不同主体的 21 种软件工具并进行了说明，其中部分软件工具已在作者和其团队承担的科研项目课题中开发实施；在专家团队组织方面，本书说明了不同类型、不同环节、不同场景的专家作用；在数据信息、软件工具、专家团队的基础上，本书列举了科技成果转化信息服务系统可以开展或者可以参与的 28 项服务内容，并针对四螺旋相互作用下的科技成果转化具体影响因素提出了相应的信息服务类型，针对四螺旋协同度中相对薄弱的环节提出了强化途径。本书还对该系统面向政、产、研、服四螺旋协同创新的运行机制进行了探讨和分析。此外，作者结合所承担的科研项目课题对本书探讨、研究和设计的科技成果转化信息服务系统的部分内容建设了基于 PC 端和移动端的实际的系统。

本书最后对如何进一步促进科技成果转化工作提出了建议。

本书得到了国家社会科学基金项目的支持，也从更早之前的求学和工作实践中汲取了养分。感谢我的老师贺德方研究员、沈固朝教授的悉心指导！感谢南京大学孙建军、叶鹰、朱庆华、苏新宁、袁勤俭、华薇娜、朱学芳、裴雷诸位教授！感谢康奈尔大学原副教务长 Alan Paau（鲍绍琦）和技术许可中心主任 Alice Li（李想）！本书的研究和写作得到了中国科学院成都文献情报中心同事李婧、唐蘅、宋时立、宫庆彬、蔡静、张邓锁、韩金雨和山东理工大学许海云教授、西南交通大学张帆老师，以及中国科学院大学研究生詹文青、韩晔、朱一真、张梦诗、刘馨怡和四川大学研究生黄靖芸的帮助，在此一并感谢！还要感谢国家知识产权局郭健国巡视员、四川省商会陈启章副会长、四川大学李睿教授、电子科技大学王正宁教授、中国科学院力学所崔勇高工、国科创业投资管理有限公司陈浩副总经理、北京麦宝利知识产权代理事务所赵艳红总经理、中关村技术经理人协会安莉莉副秘书长等专家的宝贵意见！最后，特别要感谢我的妻子张娴研究员对我在本项目研究和本书写作中的大力支持，正是她的帮助和支持让我更加顺利地攻克了研究中的难题！

目　　录

第1章 绪　　论

1.1　研究和加强科技成果转化的意义

科学技术是推动人类社会经济发展的基本驱动力，是转变发展方式、优化经济结构、转换增长动力和推动我国经济高质量发展的重要力量。科学技术是第一生产力；但是，它并非天然的、直接的生产力，需要有成果转化、技术转移的过程才能转变为促进生产发展的强大动力。因此，科技成果转化工作在近年日益受到关注和重视。特别是在我国新发展格局构建的内在要求下，科技成果转化工作需要在更大规模上以更大效率加以推进。2023 年 12 月，中央经济工作会议强调"要以科技创新推动产业创新""以科技创新引领现代化产业体系建设"[①]，科技成果转化工作理应在其中发挥更大作用。

1.1.1　党和国家重视科技成果转化

党的十八届三中全会《中共中央关于全面深化改革若干重大问题的决定》提出要"发展技术市场，健全技术转移机制""创新商业模式，促进科技成果资本化、产业化"[②]。习近平在党的十九大报告中明确提出"促进科技成果转化"[③]，在党的二十大报告中进一步强调"提高科技成果转化和产业化水平"[④]。

中共中央、国务院 2016 年印发了《国家创新驱动发展战略纲要》[⑤]，明确要求"构建专业化技术转移服务体系"，并计划"把技术转移和科研成果对经济社会的影响"纳入对高校和科研院所的评价指标中，同时要发展成果转化机构，并

---

① 中央经济工作会议在北京举行 习近平发表重要讲话[EB/OL]. http://www.news.cn/politics/leaders/2023-12/12/c_1130022917.htm[2023-12-12].

② 中共中央关于全面深化改革若干重大问题的决定[EB/OL]. https://china.huanqiu.com/article/9CaKrnJDaOm[2013-11-15].

③ 习近平: 决胜全面建成小康社会 夺取新时代中国特色社会主义伟大胜利——在中国共产党第十九次全国代表大会上的报告[EB/OL]. http://www.xinhuanet.com/politics/19cpcnc/2017-10/27/c_1121867529.htm[2017-10-27].

④ 习近平: 高举中国特色社会主义伟大旗帜 为全面建设社会主义现代化国家而团结奋斗——在中国共产党第二十次全国代表大会上的报告[EB/OL]. http://www.qstheory.cn/yaowen/2022-10/25/c_1129079926.htm[2022-10-25].

⑤ 中共中央 国务院印发《国家创新驱动发展战略纲要》[EB/OL]. https://www.gov.cn/xinwen/2016-05/19/content_5074812.htm[2016-05-19].

充分发挥科技成果转化基金的作用。2021 年出台的《中华人民共和国国民经济和社会发展第十四个五年规划和 2035 年远景目标纲要》，明确提出"创新科技成果转化机制，鼓励将符合条件的由财政资金支持形成的科技成果许可给中小企业使用。推进创新创业机构改革，建设专业化市场化技术转移机构和技术经理人队伍……开展科技成果转化贷款风险补偿试点"①。

2015 年 8 月，新修订的《中华人民共和国促进科技成果转化法》②颁布，这是从国家法律层面对科技成果转化工作的大力加强；随后，国务院专门制定并于 2016 年 2 月出台了《实施〈中华人民共和国促进科技成果转化法〉若干规定》③；紧接着，国务院办公厅在 2016 年 4 月印发《促进科技成果转移转化行动方案》④。这被时任科学技术部（简称科技部）党组书记、副部长的王志刚称为从修订法律条款、到制定配套细则、再到部署具体任务的科技成果转移转化工作"三部曲"，对于实施创新驱动发展战略、强化供给侧结构性改革、推动大众创业万众创新具有重要意义⑤。然后，中国科学院、教育部、科技部和多个省区市陆续出台促进科技成果转移转化的指导意见、行动计划、实施方案、具体措施等文件，不断推进该项工作。

进一步地，2017 年 7 月，中央全面深化改革领导小组第三十七次会议审议通过了《国家技术转移体系建设方案》，"会议强调，建立和完善国家技术转移体系，要聚焦影响长远发展的战略必争领域，遵循技术转移规律，发挥市场机制作用，加强技术供需对接，打通科技转化通道，强化联动协同，加快推动重大科技成果转化应用，更好发挥技术转移对提升科技创新能力、促进经济社会发展的重要作用"⑥。该建设方案于 2017 年 9 月由国务院印发⑦。科技部随后于 2018 年 2 月形成贯彻落实该建设方案的部门任务分工方案。

2018 年，国务院办公厅印发《科学技术部职能配置、内设机构和人员编制规

① 中华人民共和国国民经济和社会发展第十四个五年规划和 2035 年远景目标纲要[EB/OL]. https://www.gov.cn/xinwen/2021-03/13/content_5592681.htm[2021-03-13].
② 中华人民共和国促进科技成果转化法[EB/OL]. http://www.gov.cn/xinwen/2015-08/30/content_2922111.htm[2015-08-30].
③ 国务院关于印发实施《中华人民共和国促进科技成果转化法》若干规定的通知[EB/OL]. http://www.gov.cn/zhengce/content/2016-03/02/content_5048192.htm[2016-02-26].
④ 国务院办公厅关于印发促进科技成果转移转化行动方案的通知[EB/OL]. http://www.gov.cn/zhengce/content/2016-05/09/content_5071536.htm[2016-04-21].
⑤ 科技部推进科技成果转移转化实施了"三部曲"[EB/OL]. http://www.scio.gov.cn/xwfb/gwyxwbgsxwfbh/wqfbh_2284/2016n_8740/2016n05y18r/zbzy_8985/202207/t20220715_193374.html[2016-05-18].
⑥ 习近平：敢于担当善谋实干锐意进取 深入扎实推动地方改革工作[EB/OL]. https://china.huanqiu.com/article/9CaKrnK4aPv[2017-07-19].
⑦ 国务院关于印发国家技术转移体系建设方案的通知[EB/OL]. https://www.gov.cn/zhengce/content/2017-09/26/content_5227667.htm[2017-09-26].

定》。该规定明确"牵头国家技术转移体系建设，拟订科技成果转移转化和促进产学研结合的相关政策措施并监督实施。指导科技服务业、技术市场和科技中介组织发展。"同时成立"成果转化与区域创新司。承担国家技术转移体系工作，提出科技成果转移转化及产业化、促进产学研深度融合、科技知识产权创造的相关政策措施建议，推动科技服务业、技术市场和科技中介组织发展①。"同年，《国务院关于推动创新创业高质量发展打造"双创"升级版的意见》②发布，着力促进创新创业环境、发展动力、就业能力、科技创新支撑能力、平台服务等方面升级，完善创新创业金融服务，加快构筑创新创业发展高地。

2019 年，财政部印发了《关于进一步加大授权力度　促进科技成果转化的通知》，"在原已下放科技成果使用权、处置权、收益权的基础上，进一步加大科技成果转化形成的国有股权管理授权力度，畅通科技成果转化有关国有资产全链条管理，支持和服务科技创新"③。2020 年，科技部、教育部印发了《关于进一步推进高等学校专业化技术转移机构建设发展的实施意见》，"高校要将技术转移机构建设发展作为推动科技成果转化工作的主要抓手和重要载体"，"提出了包括建立技术转移机构、明确成果转化职能、建立专业化人员队伍、完善机构运行机制、提升专业服务能力和加强监督管理等 6 方面重点任务"④。

2020 年，国务院发布《国务院办公厅关于提升大众创业万众创新示范基地带动作用进一步促改革稳就业强动能的实施意见》⑤，"进一步提升双创示范基地对促改革、稳就业、强动能的带动作用，促进双创更加蓬勃发展，更大程度激发市场活力和社会创造力"。

2021 年，国务院办公厅印发《关于完善科技成果评价机制的指导意见》⑥，"围绕科技成果'评什么''谁来评''怎么评''怎么用'完善评价机制"，要进一步发挥科技成果评价的"指挥棒"作用。

2023 年，习近平在人大、政协和广东、河北、陕西、江苏、四川多次强调

①　科学技术部职能配置、内设机构和人员编制规定[EB/OL]. https://www.gov.cn/zhengce/2018-09/10/content_5320819.htm[2018-09-10].
②　国务院关于推动创新创业高质量发展打造"双创"升级版的意见[EB/OL]. https://www.gov.cn/zhengce/content/2018-09/26/content_5325472.htm[2018-09-26].
③　财政部有关负责人就印发《财政部关于进一步加大授权力度　促进科技成果转化的通知》答记者问[EB/OL]. https://www.gov.cn/zhengce/2019-10/11/content_5438591.htm[2019-10-11].
④　政策解读《关于进一步推进高等学校专业化技术转移机构建设发展的实施意见》[EB/OL]. https://www.most.gov.cn/kjbgz/202006/t20200609_157305.html[2020-06-09].
⑤　国务院办公厅关于提升大众创业万众创新示范基地带动作用进一步促改革稳就业强动能的实施意见[EB/OL]. https://www.gov.cn/zhengce/content/2020-07/30/content_5531274.htm[2020-07-30].
⑥　国务院办公厅印发《关于完善科技成果评价机制的指导意见》[EB/OL]. https://www.gov.cn/xinwen/2021-08/02/content_5629039.htm[2021-08-02].

科技成果转化，7 月在四川视察时要求"在推进科技创新和科技成果转化上同时发力"[①]。

1.1.2　当前现状尚未满足发展要求

一方面，科技创新需要加强加速，特别在构建新发展格局的背景下迫切需要将科技成果更大规模地转化为实际的生产力；另一方面，虽然经过多年的发展，但是我国当前的科技成果转移转化成效仍然不大。

从国家知识产权局的统计数据来看，2021 年中国专利申请量 5 060 312 件，其中发明专利申请量 1 427 845 件；中国专利授权量 4 467 165 件，其中发明专利授权量 585 910 件[②]；而 2021 年专利实施许可合同备案数量为 4 271 份，涉及专利仅 16 125 件[③]。国家知识产权局 2022 年 6 月发布的《2021 年中国专利调查报告》反映的数据是：2021 年有效专利的许可率为 5.3%，转让率为 4.7%[④]，比例较低。

再以中国科学院的统计数据为例[⑤]：中国科学院 2021 年专利申请总量 22 355 件，其中发明专利申请和国际专利申请合计 20 497 件，占比 91.7%；专利授权总量 16 581 件，其中发明专利和国际专利合计 13 681 件，占比 82.5%；当年新订转移转化合同 556 项，合同金额 66.59 亿元，其中转让 21.87 亿元、许可 15.55 亿元、作价入股 29.17 亿元；转移转化专利总计 2 222 件，其中转让 950 件、许可 524 件、作价入股 748 件；2021 年，全院院属单位知识产权转化运用到账经费共计 25.16 亿元，较上年增长 39.3%。当年到账金额超过 1000 万元的院属单位有 37 家，其中，前 20 位院属单位（全院研究单位 114 家、大学 2 所，还有其他支撑单位、控股企业等若干）到账经费总额占全院总额的 84.4%。上述中国科学院数据，一方面反映了中国科学院成果转化技术转移工作发展迅猛，另一方面反映了成功转移转化的专利数量比例偏低、专利技术成功转移转化的院属单位分布还较不平衡。

虽然上述数据并不能完全、准确地反映全国成果转化技术转移的情况，但是仍可据此大致推断出，全国有部分的专利技术没有得到应用，排除低价值专利之后，其中仍然可能有部分的高价值的科技成果和专利技术湮没在从实验室研究到

① 邓强. 省委常委会召开（扩大）会议 专题传达学习习近平总书记来川视察重要指示精神[EB/OL]. https://sichuan.scol.com.cn/gcdt/202307/58943687.html[2023-07-30].

② 知识产权统计年报 2021[EB/OL]. https://www.cnipa.gov.cn/module/download/down.jsp?i_ID=176976&colID=88[2022-06-30].

③ 2021 年度专利实施许可统计数据[EB/OL]. http://www.gov.cn/zhengce/zhengceku/2022-07/27/5703022/files/13f455af06cd49a58b4c40d213be5e3b.pdf[2022-07-25].

④ 2021 年中国专利调查报告[EB/OL]. https://www.cnipa.gov.cn/module/download/downfile.jsp?classid=0&showname=2021 年中国专利调查报告.pdf&filename=e48c21fe444a4651a72901c95a763bcc.pdf[2022-06-30].

⑤ 2021 年度知识产权工作统计报告[R]. 2022.

商品化产业化之间的"死亡之谷"中。成果转化技术转移是国家创新体系中极薄弱的环节，而它又是加强科技与经济深度融合的关键因素，攻克这一难关方能更快更好地促进我国经济的高质量发展。

当前，新一轮科技革命和产业变革突飞猛进，地缘政治与全球竞争加强对抗，科技创新成为国际战略博弈的主要战场，围绕科技制高点的竞争空前激烈。实现科技自立自强和产供链自主可控的目标，科技创新和产业发展的有机结合、科技成果转化在产业链各环节的渗透融合，是我国必须关注的重要工作。实际上，从中央到地方，从政府机关到公司企业，从财政拨款的项目审批到基于市场需求的企业投资，现在对科技创新及其与产业结合的重视已经达到了前所未有的高度。在这样的时代要求下，科技成果转化必然需要大力加强，也必然有广阔的发展空间；加强对科技成果转化理论、政策、模式、服务体系以及信息服务系统的研究，不仅极有意义，而且具有时代的紧迫性。

1.1.3　相关研究尚未满足形势要求

科技成果转化是当前我国亟须加强并且极具发展前景的工作，而加强科技成果转化需要解决的一个主要问题就是：信息不对称。因此，从信息管理的角度研究科技成果转化，对其影响因素进行分析，基于三螺旋（triple helix）、四螺旋协同创新模型对科技成果转化服务体系进行思考，并在此基础上对科技成果转化信息服务系统进行深入研究，将拓展和深化科技成果转化工作。

从文献检索结果来看，从信息管理学、信息资源管理学、情报学角度以及大众创业、万众创新角度对科技成果转化和技术转移的研究都还相对较少。

截至 2022 年 8 月 20 日，万方数据知识平台（简称万方）的中文论文专业检索结果显示：题名或关键词包含"技术转移"或"成果转化"的期刊论文共 49 666 篇、学位论文共 6296 篇、会议论文共 3575 篇，其中题名或关键词又包含"信息"或"情报"①的期刊论文共 2475 篇、学位论文仅 308 篇、会议论文仅 177 篇；在上述题名或关键词包含"技术转移"或"成果转化"的论文中，题名或关键词又包含"大众创业""万众创新"或"双创""众创"的期刊论文仅 129 篇、学位论文仅 6 篇、会议论文仅 3 篇。

同日，中国知网（China National Knowledge Infrastructure，CNKI）的中文论文专业检索结果显示：篇名或关键词包含"技术转移"或"成果转化"的期刊论文共 16 209 篇、博硕士论文共 1455 篇、会议论文共 647 篇，其中篇名或关键

---

① 检索式：（题名或关键词：（"技术转移"）+题名或关键词：（"成果转化"））*（题名或关键词：（"信息"）+题名或关键词：（"情报"））。其他检索式以此类推。

词又包含"信息"或"情报"①的期刊论文仅 659 篇、博硕士论文仅 24 篇、会议论文仅 15 篇;在上述篇名或关键词包含"技术转移"或"成果转化"的论文中,篇名或关键词又包含"大众创业""万众创新"或"双创""众创"的期刊论文仅 37 篇、博硕士论文无、会议论文 1 篇。

同日,Web of Science 核心合集的检索结果显示:论文标题中含有"技术转移"(technology transfer*)或"技术商业化"(technology commercialization)或"技术市场化"(technology market*)的期刊论文共计 2470 篇(其中"技术转移"2262 篇)、会议录文献 985 篇(其中"技术转移"899 篇);其中,标题中又包含了"信息"或"情报"(information,informatics,or intelligence*)的,期刊论文为 72 篇、会议录文献为 39 篇;在上述标题中含有"technology transfer*"或"technology commercialization"或"technology market*"的论文中,标题又包括了"双创"("entrepreneurship-innovation""entrepreneurship and innovation")或"大众创业"(mass entrepreneurship)或"万众创新"(mass innovation)的期刊论文和会议录文献均无。

同日,ProQuest 的英文学位论文检索结果显示:论文标题或摘要中含有"技术转移"(technology transfer*)或"技术商业化"(technology commercialization)或"技术市场化"(technology market*)的博士论文共计 2300 篇(其中"技术转移"1871 篇);其中,标题或摘要中又包含了"信息"或"情报"(information,informatics,or intelligence*)的,博士论文为 143 篇;其中标题或摘要又包括了"双创"("entrepreneurship-innovation""entrepreneurship and innovation")或"大众创业"(mass entrepreneurship)或"万众创新"(mass innovation)的,博士论文仅 2 篇。

根据上述论文数量,可以基本认定,迄今从信息、情报和大众创业、万众创新的角度对成果转化技术转移的研究都还较为薄弱,有学者虽在研究中认识到信息在科技成果转化中的重要作用,但尚未对信息服务尤其是信息服务体系进行深入研究,不能较好地从理论上促进目前需求旺盛的技术转移工作。对于技术转移效率的影响因素、提升途径,尤其是如何通过信息服务促进协同创新、加快技术转移方面均存在较大的研究空间。

一方面,从国内看,经济的高质量发展需要成果转化技术转移发挥更大作用,从国际看,中美贸易摩擦与磋商谈判的焦点问题反映了技术转移工作的重要性;另一方面,成果转化技术转移工作需要信息情报加强研究与支撑。然而,在国家大力倡导创新创业并以法律保障和激励科技成果转化的形势背景下,情报学

---

① 检索式:(TI='技术转移' OR TI='成果转化' OR KY='技术转移' OR KY='成果转化')AND(TI='信息' OR TI='情报' OR KY='信息' OR KY='情报')。其他检索式以此类推。

等学科还不能很好地从学术理论上指导目前需求旺盛的科技成果转化及其信息服务工作。

本书在对科技成果转化与创新创业所涉及的情报学、管理学、经济学等相关理论、法律与政策进行分析研究的基础上，对科技成果转化的规律、特点、方式、模式、信息流、影响因素与瓶颈进行总体分析，针对双创形势对科技成果转化提出的新需求新要求进行具体分析，然后通过理论研究与实证，提出针对众创背景下科技成果转化特点的信息服务体系建设方案，并针对成果转化中的信息不对称等瓶颈问题探索研究具体的解决方案。

本书希望能在一定程度上丰富科技成果转化信息服务的理论研究，针对发展形势和实际需求厘清信息服务之于科技成果转化的切入点、着力点，并通过融合于四螺旋体系中以增强协同创新能力的科技成果转化信息服务系统的研究与实践为实际促进科技成果转化提供借鉴。因此，本书进行的所有理论研究都以实际应用为依归，具有一定的学术价值和应用价值。

1.2 主要概念辨析与说明

1.2.1 科技成果转化与技术转移

从对万方和中国知网的检索结果来看，国内对科技成果转化和技术转移的研究从 1978 年就已开始[1]（"技术转移"一词比"成果转化"一词在国内学术期刊上早两年出现）。

2015 年 8 月由全国人大常委会修正的《中华人民共和国促进科技成果转化法》对科技成果和科技成果转化的概念进行了明确，指出科技成果是"通过科学研究与技术开发所产生的具有实用价值的成果"，科技成果转化是"为提高生产力水平而对科技成果所进行的后续试验、开发、应用、推广直至形成新技术、新工艺、新材料、新产品，发展新产业等活动"[2]。这是以法律形式确定的两个基本概念。该法律文本里有三处提及技术转移，但并无概念解释。

2017 年 7 月经中央全面深化改革领导小组第三十七次会议审议通过，并于 2017 年 9 月由国务院印发的《国家技术转移体系建设方案》中，虽然没有对技术转移的概念进行说明，但是开篇第一句即明确国家技术转移体系的概念："促进科技成果持续产生，推动科技成果扩散、流动、共享、应用并实现经济与社会价

---

① 唐允斌. 应当研究技术引进中的经济问题[J]. 世界经济, 1978, (1): 69-71.

② 中华人民共和国促进科技成果转化法[EB/OL]. http://www.npc.gov.cn/npc/c2/c12435/c12488/201905/t2019 0521_222148.html[2015-11-10].

值的生态系统"①。从中可以推导出技术转移的概念是：推动科技成果扩散、流动、共享、应用并实现经济与社会价值的活动。另外，科技部 2007 年印发的《国家技术转移示范机构管理办法》②对技术转移的定义是："制造某种产品、应用某种工艺或提供某种服务的系统知识，通过各种途径从技术供给方向技术需求方转移的过程"。国家质量监督检验检疫总局与国家标准化管理委员会于 2017 年 9 月发布、并于 2018 年 1 月实施的国家标准《技术转移服务规范》③对技术转移沿用了上述定义，并备注："技术转移的内容包括科学知识、技术成果、科技信息和科技能力等"。该备注是一个更宽的范畴，但在当前的实际应用中还没有如此广泛。

科技包括科学和技术两个方面，根据全国科技成果统计年度报告，科技成果分作三类：基础理论成果、应用技术成果、软科学成果④。以转移转化为目的的科技成果，其实质主要是应用技术。所以，技术转移的客体对象，既可以称为技术，也可以称为科技成果。

科技成果转化中的"转化"二字，与技术转移中的"转移"二字，略有不同。如前所述概念里，科技成果转化包含了对科技成果所进行的"后续试验、开发"，这仿佛是技术转移的概念里没有的内容。所以，国内有学者⑤⑥⑦对科技成果转化与技术转移的概念辨析侧重在"化"和"移"这两个字上面，认为科技成果从实验室出来，还要经过中试熟化等环节才能形成产品，认为这一过程是转化而非转移，转化侧重于形态的变化，转移侧重于空间或权利主体的变化。但是，《中华人民共和国促进科技成果转化法》的官方译文是"Law of The People's Republic of China on Promoting the Transformation of Scientific and Technological Achievements"。这里，"科技成果"译作"scientific and technological achievements"，"转化"译作"transformation"。在美国、英国等英语国家表述该概念时通常用的词就是"technology transfer"或者"transfer of technology"。比如，在美国的大学技术经理人协会（The Association of University Technology Managers，AUTM）或者若干常青藤高校的技术许可办公室的网站上，基本检索不到"transformation of scientific and technological achievements"或者"achievement transformation"等类似的表述，但是常常可见"technology transfer"或者简写的"tech transfer"；美国联邦实验

---

① 国务院关于印发国家技术转移体系建设方案的通知[EB/OL]. http://www.gov.cn/zhengce/content/2017-09/26/content_5227667.htm[2017-09-26].

② 关于印发国家技术转移示范机构管理办法的通知[EB/OL]. http://www.most.gov.cn/xxgk/xinxifenlei/fdzdgknr/fgzc/gfxwj/gfxwj2010before/201712/t20171222_137075.html[2007-09-10].

③ 中华人民共和国国家标准 GB/T 34670—2017. 技术转移服务规范. 2017.

④ 2017 年全国科技成果统计年度报告[R]. 2018.

⑤ 徐国兴, 贾中华. 科技成果转化和技术转移的比较及其政策含义[J]. 中国发展, 2010, 10(3): 45-49.

⑥ 方华梁. 科技成果转化与技术转移：两个术语的辨析[J]. 科技管理研究, 2010, (10): 229-230.

⑦ 贺红. 科技成果向现实生产力转化初步研究[J]. 科技管理研究, 2002, (6): 71-73.

室联盟 2018 年在其网站首页的醒目位置介绍 "What is technology transfer?" [①]。技术转移的概念曾于 1964 年在第一届联合国贸易和发展会议上提出，而该会议的用词是 "transfer of technology" [②]。2018～2019 年的中美贸易磋商中，"技术转移"（technology transfer）这个词更是被频频提及。我们直译的 "scientific and technological achievements" 虽然也可以被理解，但是不如 "technology" 常用；而 "transfer" 和 "transformation" 这两个词的内涵是非常接近的。所以，"科技成果转化" 可以被译为 "technology transfer" 或 "technology transformation"，而实际上，"技术转移" 这个词就是国内学者直译的 "technology transfer"。而且，"transfer" 或 "transformation" 在英语里并不只是空间的转移，也包括了形态的变化（如动画电影《变形金刚》，其英文是 transformers）。根据原第一机械工业部唐允斌在 1978 年论文 [③] 里的观点，技术转移的概念在 20 世纪 40 年代就在美国出现了，并且一是纵向转移（vertical transfer），二是横向转移（horizontal transfer）。而纵向转移就含转化的概念。根据笔者在美国康奈尔大学技术转移与商业化中心（现更名为技术许可中心）做访问学者的了解，在实际工作中，美国的大学将技术许可给某家企业，该企业往往需要数年时间才能将大学的技术实现为可应用于市场的技术，这就是 "转化" 的过程。2019 年 4 月，上海市科学技术委员会发布的《2018 上海科技成果转化白皮书》直接指出，"科技成果转化的国际通行提法为'技术转移'" [④]。

此外，还有学者 [⑤][⑥] 从主体和客体、供体和受体、市场化程度、时间轴和空间轴、实现资产价值的方式、政府管理部门等角度比较科技成果转化与技术转移的区别，提出了较有洞见的观点，但是从发展的角度来看，这些区别都不是会影响实际工作的本质差异并且会逐渐弥合。不仅在《国家技术转移体系建设方案》中，"成果转化" 这个词频繁使用，而且从实务工作来看，名称中包括 "科技成果转化" 的机构和包含 "技术转移" 的机构，实际业务和操作没有大的区别。

综上所述，从中英翻译、统计口径、实务工作三个角度来看，"科技成果转化" 和 "技术转移" 这两个词并无实质差别，一般来说可以通用。

---

① Federal Laboratory Consortium for Technology Transfer[EB/OL]. https://www.federallabs.org/[2018-08-26].

② United Nations Conference on Trade and Development: transfer of technology[R]. United Nations, New York and Geneva, 2001.

③ 唐允斌. 应当研究技术引进中的经济问题[J]. 世界经济, 1978, (1): 69-71.

④ 首发！2018 上海科技成果转化白皮书新鲜出炉~Unit1: 国际技术转移经验[EB/OL]. https://mp.weixin.qq.com/s/ypSNkfB4i4AAZg4v3wJ3rg[2019-04-15].

⑤ 杨善林, 郑丽, 冯南平, 等. 技术转移与科技成果转化的认识及比较[J]. 中国科技论坛, 2013, (12): 116-122.

⑥ 佚名. 李春成：科技成果转化=技术转移=知识产权运营？[EB/OL]. http://www.sohu.com/a/164755375_660408[2017-08-15].

1.2.2　三螺旋

三螺旋最初是 1953 年对 DNA（deoxyribonucleic acid，脱氧核糖核酸）结构的猜想，后来科学证实 DNA 是双螺旋结构，但是三螺旋这个术语却被沿用。1995 年，亨利·埃茨科维兹（Henry Etzkowitz）和鲁特·莱兹多夫（Loet Leydesdorff）首次用三螺旋模型研究国家或区域创新系统中政府、大学与产业之间的关系[①]。在三螺旋模型中，大学参与其间的定位或主要发挥的功能是科学研究及创业而非教育，所以三螺旋实际反映的是政-产-研的关系。

三螺旋是指政府、产业或企业、高校和科研机构（政、产、研）三者既保持相对独立性又互有交叉、相互积极作用、共同促进整体发展，呈现内核外场的静态特征和横向循环、纵向进化的动态特征的结构模型。图 1-1 是与创新项目生命周期曲线相配合的三螺旋模型示意图。

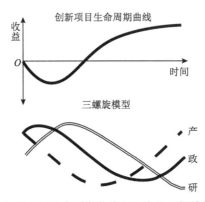

图 1-1　与创新项目生命周期曲线相配合的三螺旋模型示意图

不同于以往政府干预主义的模型和自由放任主义的模型分别强调政府为主与企业为主[②]，三螺旋模型强调了科研机构（尤其是创业型大学，如斯坦福大学和麻省理工学院等）在整个创新体系中日益重要的地位，并强调政、产、研三者均可对创新起主导作用，而且，三者的相互作用和共同作用才能够更好地加速创新进程。三螺旋模型有三股要素链条；行政链、产业链（生产链）、科技链[③]。

---

① Etzkowitz H, Leydesdorff L. The triple helix: university-industry-government relations: a laboratory for knowledge-based economic development [J]. EASST Review, 1995, 14(1): 14-19.

② 亨利·埃茨科维兹. 三螺旋: 大学·产业·政府三元一体的创新战略[M]. 周春彦, 译. 北京: 东方出版社, 2005.

③ 孙耀吾, 赵雅, 曾科. 技术标准化三螺旋结构模型与实证研究[J]. 科学学研究, 2009, 27(5): 733-741.

　　一般认为，科技的商业化（technology commercialization）是线性的，表现为：科学研究→技术创造→研究开发→量产制造→市场销售。这在很多领域仍是如此，但是，当代创新日益复杂，若干领域（如大数据）直接面向市场不断迭代更新而深化研究，呈现出网状关系。基于此创新发展态势，三螺旋模型更强调创新主体间相互交织、相互作用的非单一链条的网状结构。

　　三螺旋模型借用了物理学"场"的概念[①]，发展了一种分析三股螺旋既彼此独立又相互作用的方法，将每支螺旋都表达为具有内核区和外场域的机构范围，内核保持独立，外场保持交互，这种交互产生了大学科技园、孵化器、衍生公司等组织。同时，三螺旋在人员、信息、产出等方面进行各螺旋内部和相互间的横向循环，并形成每支螺旋和三螺旋整体不断发展与完善的纵向进化态势[②]，进化的力量既源于三者各自的内在动力，也源于三者间的相互作用和影响[①]。

　　三螺旋模型还提出了三个空间：知识空间、趋同空间、创新空间。知识空间指大学与研究机构产出科技成果和知识，趋同空间指政、产、研相互交流并达成战略共识，创新空间指实施趋同空间确定的战略、加强或填补趋同空间确认的短板或缺口，包括建立新的创新组织[③]。

　　三螺旋模型与以往的三元模型或创新系统相比的最大特点是系统发展出了量化分析方法，由 Leydesdorff 率先提出[④]，随即引入国内。该量化分析方法植根于互信息测度，溯源自香农（Shannon）的信息论。而且，三（多）螺旋算法具有一般方法意义，适合以概率分布为基础的三（多）元关系分析，基本上，只要能够计算三（多）元关系的概率分布，就可以通过互信息计算其交互作用和协同度（synergy）[⑤]。事实上，加入了资本螺旋的四螺旋的量化分析也已有尝试[⑥]。总之，无论在发达国家还是在发展中国家，三螺旋模型都具有适用性，并在创新与竞争的网络中发挥着作用[⑦]。

---

　　① 周春彦. 科学技术化: 技术时代的科学基础[M]. 沈阳: 东北大学出版社, 2002: 123-131.

　　② 周春彦, 亨利·埃茨科威兹. 三螺旋创新模式的理论探讨[J]. 东北大学学报（社会科学版）, 2008, 10(4): 300-304.

　　③ 周春彦. 大学-产业-政府三螺旋创新模式: 亨利·埃茨科维兹《三螺旋》评介[J]. 自然辩证法研究, 2006, 22(4): 75-77, 82.

　　④ Leydesdorff L. The mutual information of university-industry-government relations: an indicator of the triple helix dynamics [J]. Scientometrics, 2003, 58 (2): 445-467.

　　⑤ 叶鹰, 鲁特·莱兹多夫, 武夷山. 三螺旋模型及其量化分析方法研讨[J]. 中国软科学, 2014, (11): 131-139.

　　⑥ 吴卫红, 陈高翔, 张爱美. 互信息视角的政产学研协同创新四螺旋实证研究[J]. 科技进步与对策, 2018, 35(6): 21-28.

　　⑦ Farinha L, Ferreira J, Gouveia B. Networks of innovation and competitiveness: a triple helix case study[J]. Journal of the Knowledge Economy, 2016, 7(1): 259-275.

1.2.3　信息服务系统

现有文献鲜有关于信息服务系统的定义，本书基于信息论、控制论、系统论、情报工程学观点和信息服务工作实践，给出以下定义。

信息服务系统是由数据资源、软件工具、硬件设施、专业知识等多种要素关联构成并共同创造价值，面向特定或不特定主体并因应主客观条件变化通过多种方式方法提供普遍性、多样化、粗加工或者针对性、个性化、精加工信息服务以消除或减少信息受众或用户对认知客体的不确定性，促进信息的开发、传播与有效利用，并通过各服务环节的信息传输与交互反馈推动服务功能、效率、质量正向演化或迭代的有机整体。

1.3　研究内容与思路方法

1.3.1　研究目标

本书旨在分析科技成果转化的主要规律与特点，界定促进科技成果转化的政-产-研之外的第四螺旋，量化测度四螺旋主体之间的创新协同度，厘清影响科技成果转化效率的主要因素及其重要性程度，明确科技成果转化信息服务的重点，并在此基础上研究设计科技成果转化信息服务系统，以促进科技成果在更大规模上以更高效率实现转化应用。

1.3.2　研究内容

根据研究目标，本书的研究工作分为以下部分：科技成果转化的主要规律与特点，界定第四螺旋、构建"政-产-研-服"四螺旋协同创新模型并对其创新协同度进行测度分析，针对科技成果转化效率影响因素的定性和定量化分析研究，基于四螺旋模型的科技成果转化信息服务系统的研究设计以及该系统的初步实现，并在上述分析、研究、实践的基础上提出促进科技成果转化的建议。

本书的研究内容如图 1-2 所示。

（1）理论研究：科技成果转化的主要规律与特点，经济学观点对科技成果转化工作的借鉴参考，第四螺旋的界定与四螺旋协同创新模型的构成以及该模型创新协同度的测度分析，四螺旋与科技成果转化信息服务系统的关系，科技成果转化信息服务系统在四螺旋中的功能与作用；基于投入-产出评价梳理科技成果转化效率的宏观影响因素，结合德尔菲法（Delphi method）与网络层次分析法（analytic network process，ANP）评价分布于四螺旋各主体并在四螺旋相互作用下的具体影响因素的重要性。

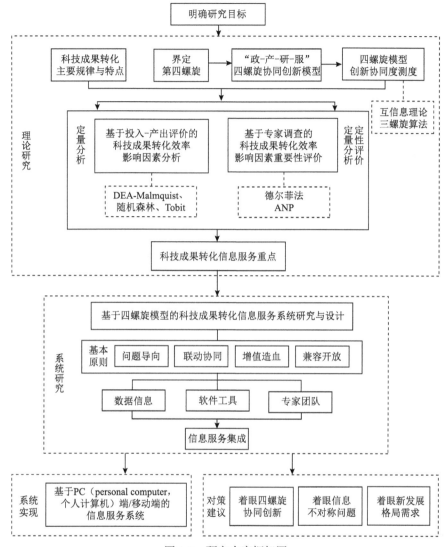

图 1-2 研究内容框架图

（2）系统研究：基于四螺旋模型的科技成果转化信息服务系统的总体框架、建设原则、建设思路；基于情报工程的数据资源、软件工具、专家团队与应用服务；该系统面向四螺旋协同创新的机制建设。

（3）系统实现：根据分析研究结果和系统建设理念，对科技成果转化信息服务系统的部分内容在 PC 端或移动端建设了实际的系统。

（4）对策建议：根据前述分析研究和系统实践，提出促进科技成果在更大规模上以更高效率实现转化应用的对策建议。

本书将政、产、研三螺旋模型扩展为政、产、研、服四螺旋模型，提出了以包括技术转移、信息咨询、知识产权、科技金融等服务功能在内的科技服务机构为第四螺旋,并且运用互信息测度理论,设计构建了四螺旋创新协同度计量指标 T_{gias},用以量化测度了四螺旋主体之间的创新协同度,证实了科技服务机构参与协同创新的积极作用。本书结合德尔菲法与 ANP 对分布于四螺旋各主体并在四螺旋相互作用下的具体操作层面的科技成果转化效率影响因素建立了重要性评价指标体系并进行了影响因素重要性评价,有利于确定科技成果转化信息服务及其系统建设的工作重点。本书按照情报工程学理念从数据信息、软件工具、专家团队、应用服务等角度针对四螺旋的协同度问题和科技成果转化中的信息不对称问题研究设计了基于四螺旋模型的科技成果转化信息服务系统,提出了较全面和较务实的具体建设内容;并通过实际的科研项目课题对科技成果转化信息服务系统的建设思路予以实现,完成了部分功能模块的开发与建设,并得到实际采用,实现了从理论到实践的应用。

1.3.3　研究方法

本书采用的主要研究方法包括以下几种。

1. 专家调查法

通过向专家发送调查问卷、专家交流访谈等方式进行研究。主要应用于科技成果转化效率影响因素研究中,涉及影响因素的梳理、影响因素体系的构建等研究内容。

2. 德尔菲法

德尔菲法是一种匿名函询反馈法和结构化的交流方法。德尔菲法基于以下原则:从结构化的个人群体中决策(或预测)比从非结构化的群体中决策(或预测)更为准确。其大致流程是:在对所要决策(或预测)的问题分别征得各专家意见后,进行汇总、归纳与整理,再将整理结果匿名分别反馈给各专家再次征求意见,如此进行多轮(两轮或两轮以上)分别征求、汇总整理、匿名反馈,并在此过程中鼓励各专家根据其他专家的匿名反馈意见修改自己的意见,直至在达到预先确定的停止标准(例如,已达成共识、结果已稳定、轮数)之后停止该过程。本书中,该方法应用于科技成果转化效率影响因素重要性评价研究。

3. 数据包络分析

本书利用数据包络分析(data envelopment analysis,DEA)方法开展科技成果转化研究。将科技成果转化过程分为技术创新阶段和产业价值创造阶段,进行两阶段 DEA 分析,其次引入时间变量,利用 DEA-Malmquist 模型测算动态全要素生产率，用 Malmquist（马姆奎斯特）生产率指数方法核算 2012～2021 年我国各省区市全要素生产率的动态变化。

4. 随机森林分析

随机森林（random forests）是一种基于分类树的算法，可用于分类和回归，无须将数据标准化，直接利用随机森林算法拟合函数关系。本书利用随机森林方法研究各技术科技成果转化效率影响因素的相对重要性。

5. Tobit 模型分析

Tobit 回归模型是因变量受到限制的一种回归模型，当因变量是切割或片段数据时（技术效率值均大于 0 小于 1），普通最小二乘法不适用于估计回归系数，可以使用基于最大似然估计原理的面板 Tobit 模型。随机森林得到的结果仅是重要性排序，对于具体影响方式仍需结合关联分析等进一步探讨，本书将其与 Tobit 面板回归结合，得到主要影响因素重要程度以及影响方式。

6. ANP

ANP 于 1996 年由美国运筹学家萨蒂（Saaty）提出，是基于层次分析法（analytic hierarchy process，AHP）进一步发展的一种适应复杂结构的决策方法。ANP 与 AHP 都将问题总目标或决策总目标分解成数个层级的若干因素。ANP 与 AHP 的最大区别是：AHP 按各层级各因素的隶属关系或支配关系构成递阶层次结构模型，不考虑各层次元素之间横向的相互影响关系；ANP 则考虑层次内部和层次之间元素的关联、依存与反馈关系，将系统内元素之间的关系构建成一个类似于网络结构的形式。在解决实际问题时，ANP 能够更加准确地描述事物间的复杂关系，更为实用和有效。本书应用 ANP 构建科技成果转化效率影响因素网络层次结构，以及其重要性评价。

7. 极大似然估计法

极大似然估计是一种统计方法，用以求取一个样本集的相关概率密度函数的参数。本书在科技成果转化效率影响因素重要性研究中，利用了基于极大似然无偏估计的群组综合构建方法，用于集成各专家对影响因素重要性的两两判断矩阵，构建出德尔菲专家小组最终的综合判断矩阵。

1.3.4　研究工具

本书使用的主要研究工具与软件为：DEAP 2.1、R 语言 RandomForest 包、Stata、

Super Decisions V2.10、MATLAB 等。

1. DEAP 2.1

DEAP 2.1 是一款用于 DEA 方法运算的软件，应用于 DEA 决策单元效率分析。本书通过 DEAP 2.1 软件实现 CCR（Charnes-Cooper-Rhodes，查恩斯-库珀-罗德斯）模型和 BCC（Banker-Charnes-Cooper，班克-查恩斯-库珀）模型下的效率值并进行比较。

2. R 语言 RandomForest 包

RandomForest 包提供了利用随机森林算法解决分类和回归问题的功能。本书采用 RandomForest 包完成基于随机森林建立的效率及其影响因素的回归树模型，根据不同自变量导致的判断准则的改变量，计算该自变量对因变量的影响。

3. Stata

Stata 是一套提供数据分析、数据管理以及绘制专业图表的完整及整合性统计软件。本书利用 Stata 软件实现 Tobit 回归和 GMM（generalized method of moments，广义矩估计）检验。

4. Super Decisions V2.10

Super Decisions 软件是美国 SUPER DECISIONS 公司联合 Saaty 教授开发的基于 AHP 和 ANP 的决策软件，用于具有依赖性和反馈的、确定优先事项的决策。该软件提供创建和管理 AHP 与 ANP 模型、输入判断、获取结果以及对结果进行敏感性分析的工具，已在多个领域得到应用[1]。本书利用 Super Decisions 软件计算科技成果转化效率影响因素重要性权重。

5. MATLAB

MATLAB（matrix laboratory，矩阵实验室）是美国 MathWorks 公司开发的多范式数值计算交互式环境和专有编程语言，是一款性能较高、用户较广的数学软件，在一定程度上摆脱了传统非交互式程序设计语言（如 C 语言）的编辑模式，可用于算法开发、数据可视化、数据分析、数值计算、模型创建和应用程序开发。本书利用 MATLAB，进行判断矩阵的一致性检验、综合判断矩阵的集成与构造。

---

[1] Super Decisions[EB/OL]. https://www.superdecisions.com/[2019-04-11].

第2章 科技成果转化的主要规律与特点

2.1 科技成果转化的主要方式与一般特征

2.1.1 科技成果转化的主要方式

《中华人民共和国促进科技成果转化法》第十六条规定，"科技成果持有者可以采用下列方式进行科技成果转化：（一）自行投资实施转化；（二）向他人转让该科技成果；（三）许可他人使用该科技成果；（四）以该科技成果作为合作条件，与他人共同实施转化；（五）以该科技成果作价投资，折算股份或者出资比例；（六）其他协商确定的方式"[①]。

（1）自行转化。自行转化指科技成果所有者自行开展科技成果转化活动。在此方式下科技成果所有人与科技成果转化人重合，成果所有人也就是成果转化人，转化工作由成果所有人自行开展，因此不发生知识产权的交易和让渡行为，全部的转化收益归成果所有人所有，但同时全部的转化风险也由成果所有人承担。优点是消除了中间环节，降低了交易成本，缺点是没有充分整合社会优势资源，风险较大。研发实力雄厚的企业通常用这种方式进行科技成果转化，由企业的研发部门研发出成果后，再由企业自己进行生产销售。

（2）转让。转让指科技成果所有人将成果转让给受让人，由受让人实施科技成果转化。一般通过签署知识产权转让合同来实施，交易标的是科技成果中的知识产权，可以是专利权、专利申请权、软件著作权等，也可以是技术秘密等。转让后，转让方获得转让费，不再是科技成果所有人，受让方支付转让费，成为新的科技成果所有人。转让费用的多少与科技成果的技术先进性、成熟度、市场未来预测、经济效益前景、收益周期、投资风险等密切相关。优点是转让的权责清晰，受让人取得科技成果所有权后较易获得融资。缺点是受让方投入相对较大，有时还需要进行资产评估、招拍挂，周期较长，过程复杂，适用于技术成熟度和市场成熟度均较高的科技成果。

---

① 中华人民共和国促进科技成果转化法[EB/OL]. http://www.gov.cn/xinwen/2015-08/30/content_2922111. htm[2015-08-30].

（3）许可使用。通过订立许可合同，科技成果所有人向被许可人授予科技成果的使用权，被许可人获得转化和实施科技成果的权利。与转让方式比较，许可使用的方式没有变更科技成果的所有人。许可，分为普通许可、独占许可、排他许可（独家许可）、从属许可等多种方式。最常见的形式是企业通过与高校院所等订立合同获得实施科技成果知识产权的权利，在不转移科技成果所有权的前提下，高校或科研机构收取许可使用费。优点是程序简便，交易成本较低，风险较小，缺点是在被许可人完全掌握科技成果实施技巧后，存在科技成果所有人后期的许可费不易收回等情况。适用于有核心知识产权、比较成熟、有前景的科技成果。

（4）与他人共同实施转化。科技成果所有人与相关单位订立合作协议，由双方共同实施转化行为，科技成果的所有人和相关单位发挥其各自的优势，明确双方合作的责权利机制。常见的做法是：由高校或科研机构提供具有较高技术先进性但成熟度不足的早期科技成果，并充分发挥科研、人才优势，负责继续深化新技术研发加强其应用性市场性；由企业发挥自身充足的资金和市场经验方面的优势，提供中试熟化、生产线、实验场地等条件，针对目标客户的具体需求，开展后续试验、产品试制与定型、工艺开发，并负责市场推广。优点是知识产权不转移，程序简单，优势互补，合作企业不必支付成果使用费或者转让费，缺点是成本和收益分成核算较难，需要加强合作双方的信任基础和机制保障。适用于技术或市场不太成熟的科技成果，由产、研合作双方优势互补，可以快速推进项目的研发、试验、生产及推广。

（5）作价入股。科技成果所有人将科技成果作为资本投入到企业，由入股的企业实施转化，科技成果的所有人成为企业股东，承担相关风险，获得转化收益。科技成果作价投资完成实缴后，入股的企业变更为科技成果的新的所有人。科技成果作价投资，既可以是与相关合作方新组建企业（合作方等投入现金），也可以是投资到原本存在的企业。作价入股的特点是投资方密切合作，高效投入，各投资方之间形成利润共享、风险共担的经营主体。通过作价入股，科研单位或科研人员能够成为企业股东（科研单位将成果作价入股到企业，一般是通过股权奖励或分红奖励来完成对科研人员的激励），更好地推动成果转化。优点是无须现金出资，利益与经营业绩绑定，经营实体的合作关系比较紧密；缺点是科技成果所有权变化，涉及国有资产交易、资产评估，公示周期较长，如设立新公司则投资审批时间也较长。适用于核心技术可以独立发展、有前景的科技成果。北京理工大学的学科性公司科技成果转化模式，其特征是"学科技术入股+股权奖励+教师现金入股"，本质上也是科技成果作价投资的一种特殊方式[①]。

---

① 常见的科技成果转化方式有哪些？[EB/OL]. https://ttc.bit.edu.cn/fwzn20/zxzx/b8ff8c2fee59452ca50bc4ac5769e827.htm[2022-02-18].

（6）其他协商确定的方式。其他方式指的是当以上几种方式未达成合作意向或者仍不合法合规时，由双方协商确定的其他转化方式，没有固定的方式和途径，可以是上述几种方式的组合，也可以是其他符合双方需要的方式。

在选择科技成果转化方式时要考虑的因素有很多，其中技术成熟度和市场成熟度最为重要，在此基础上，要综合考虑技术转移的知识产权保障、经费投入力度、预期收益高低与风险分担能力、科研人员的参与程度、距离远近、后续研发及成果归属等多种因素的影响。

2.1.2 科技成果转化的供需关系与纵横导向

1. 科技成果转化的供需关系

科技成果转化供需主体相关研究主要集中于供需匹配步骤与供需匹配技术方面。结合社交媒体的支撑作用来研究供需匹配的步骤，分析得到科技成果转化过程中供需匹配的步骤主要是：企业由于市场竞争或自身发展需求产生知识需求—为寻求知识互补选择从外部获取知识，成为知识需求方并发布需求—高校研究人员通过社交媒体表达和传递知识—企业识别到相关成果后选择合适的目标知识成果—企业联系高校，高校考虑是否提供成果—双方进行评估与互动，进行供需知识的匹配，考虑是否建立合作关系。为提高供需主体的匹配效率，很多学者开展了供需匹配技术改进相关研究，如通过计算科技成果供需文本的相似度来进行文本匹配，结合传统匹配方法和深度学习模型构建多层语义匹配模型，提高匹配准确率和效率，还有通过 TOE（technology-organization-environment，技术-组织-环境）框架[①]等，对技术转移的关键环节——技术交易中供需匹配的影响因素进行研究，发现高成交率的技术交易驱动机制。

科技成果转化的供需主体、转化方式及利益主体如表 2-1 所示，企业自行投资实施科技成果转化时，企业是供给及需求主体，涉及的利益主体包括企业和企业的科研团队；企业转让或许可（不通过中介机构）科技成果时，企业是供给主体，涉及的利益主体包括转让企业、科研团队和受让企业，当通过中介机构进行转让时，中介机构也属于利益主体；高校或科研机构自行投资实施科技成果转化时，高校或科研机构是供给主体，也是需求主体，涉及的利益主体包括高校或科研机构、科研团队和分立企业；高校或科研机构转让或许可（不通过中介机构）科技成果时，高校或科研机构作为供给主体，高校或科研机构、科研团队、受让企业是利益主体，当通过中介机构进行转让时，中介机构也属于利益主体。

---

① 李纲, 余辉, 梁镇涛, 等. 技术交易中供需匹配影响因素研究: 基于 TOE 框架的组态分析[J]. 情报理论与实践, 2022, 45(2): 85-93, 120.

表 2-1　科技成果转化供需主体、转化方式及利益主体

供需主体	转化方式	利益主体
企业作为供给和需求主体	自行投资实施	企业、科研团队
企业作为供给主体	转让或许可 （不通过中介机构）	转让企业、科研团队、 受让企业
企业作为供给主体	转让或许可 （通过中介机构）	转让企业、科研团队、 中介机构、受让企业
高校或科研机构作为供给 和需求主体	自行投资实施	高校或科研机构、科研 团队、分立企业
高校或科研机构作为供给主体	转让或许可 （不通过中介机构）	高校或科研机构、科研 团队、受让企业
高校或科研机构作为供给主体	转让或许可 （通过中介机构）	高校或科研机构、科研 团队、中介机构、受让企业

　　科技成果转化中的供需双方在选择合作方式时考虑的因素具有差异性，高校或科研机构和企业供需双方在选择合作方时考虑的关键因素也各有侧重，技术供给方（以高校或科研机构为主）主要考虑技术需求方的经济实力、实施能力和包括诚信度、声誉在内的"软实力"，技术需求方（以企业为主）主要考虑技术自身特点，包括可行性、先进性、竞争力、实用性及成熟度等，其中，声誉和交易价格是供需双方都会考虑的关键因素。

　　2. 科技成果转化的纵横导向

　　科技成果转化的"纵向"主要指科技成果从实验室到小试中试熟化到产品再到市场的发展轨迹，侧重于时间变化；"横向"主要指同类创新主体间（如企业间）、不同地区间（如上海与深圳）科技成果的迁移，侧重于空间变化。

　　1）科技成果转化的纵向进程

　　科技成果转化涉及多个创新主体，从科技成果成型到转化的产品进入市场，需要经历知识生产、产品成型、主体博弈等过程：实验室的产品不能直接投入到生产和应用中，需要先将实验室的技术转化为可应用的技术，与其他辅助性技术相集成和结合，然后通过初试、中试、市场投放、回馈、再改进等一系列操作才能形成成熟的产品。在这个过程中的每一个阶段都有其各自的目的和相应负责的主体，从实验室到产品再到市场，需要不同主体间的协同合作。

　　科技成果转化的起始环节是知识生产，在知识生产的过程中高校、科研机构或企业科研人员进行知识的积累和技术的创新，知识生产的地点主要是在高校或科研机构的实验室，这时候的产品是初步的、不成熟的，需要将其进行转化才能

投入产业化生产；之后产品在中试及市场化的环节中逐渐成型，在产品逐渐改进的过程中，参与科技成果转化的多个主体需要进行频繁的互动沟通和合作，才能最终达到成果转化的目标。

2）科技成果转化的横向迁移

科学技术水平是影响区域经济发展的一个重要因素和支撑条件，同时也反映着该地区的经济社会文化特征。我国目前呈现出的区域发展不平衡也是区域间的科技发展梯度差的反映。从国外的经验来看，美国历史上的西部开发、老工业基地"锈带"的复兴、硅谷等高科技园区的发展，日本在第二次世界大战（简称二战）后的经济崛起，德国鲁尔区的转型再发展，都为基于技术转移的区域发展树立了典型和范式[①]。

2022 年 3 月，科技部等九部门印发《"十四五"东西部科技合作实施方案》[②]，该方案指出"东西部科技合作是完善区域科技创新体系，推动区域和跨区域协同创新的重要举措，对于提升西部地区创新能力和解决发展不平衡不充分问题具有重要意义"。加强东西部科技合作是区域合作的重要措施，加强区域间的科技合作和协同创新，尤其是人才流动、技术转移和成果转化合作，是"十四五"及中长期区域协同发展，实现共同富裕的主要抓手。区域间科技创新发展不平衡且分散，尤其是东西部区域之间的差距较大，加强区域间协同创新是完善区域科技创新体系的必然要求，也是促进区域可持续发展的重要途径。

影响区域间技术转移流动的因素主要是地理因素和产业因素。首先是地理因素，相关研究指出，当技术接受方是高校、企业或机关法人时，区域间科技成果转化存在"能力导向"现象，接受区域的吸收能力越强，则其消化、整合、利用外部资源的能力就越强，且技术接受方为高校或科研机构时，区域创新环境对技术转移的影响显著[③]。此外，任龙等[④]通过分析专利权转移数据，发现技术流动主要集中于发达地区间，发达与欠发达地区间也存在较频繁的技术流动，而欠发达地区间的技术流动则较为罕见，且技术更可能从资源密集的地区向经济发达的地区转移。其次是产业因素，吕荣杰等[⑤]指出生产性服务业集聚

① 肖国华，郭世月. 技术转移与西藏区域发展[J]. 西藏科技，2010, (9): 6-10.

② 科技部等九部门关于印发《"十四五"东西部科技合作实施方案》的通知[EB/OL]. https://www.most. gov.cn/xxgk/xinxifenlei/fdzdgknr/fgzc/gfxwj/gfxwj2022/202203/t20220304_179644.html[2022-03-03].

③ 许云，刘云，贺艳. 北京高校和科研机构跨区域技术转移模式及政策启示[J]. 科研管理，2017, 38(S1): 444-452.

④ 任龙，姜学民，傅晓晓. 基于专利权转移的中国区域技术流动网络研究[J]. 科学学研究，2016, 34(7): 993-1004.

⑤ 吕荣杰，呼静，张义明. 生产性服务业集聚对区域技术转移的作用机制：协同创新与环境规制视角[J]. 科技进步与对策，2019, 36(2): 51-58.

对于科技成果转化有显著的正向影响，可以促进多主体协同创新，推动和强化主体协作。

从2013年开始，全国共计建立了11家国家技术转移区域中心，在服务区域科技成果转化方面发挥了巨大作用。全国技术转移一体化布局不是各区域中心分散开来、各自为战，而是强调区域中心之间的深度合作和资源共享，在发挥自身优势的同时，实现区域一体化发展。区域技术转移转化的建设，要坚持发挥政府在区域技术成果转移转化建设中宏观管理、制度设计和运行监管的作用，充分依托地方现有资源和组织体系，深挖地方技术发展需求，紧扣地方产业特色，瞄准具备转化条件的技术，围绕技术主体展开体系化设计、系统化推进、层次化建设，使得技术本体能够在融合领域实现双向转移转化①，高校积极做好与地方企业的对接和合作，充分利用地方特色优势资源，向国家技术转移区域中心积极靠拢，谋求进一步发展。

2.1.3 科技成果转化基于不同主体的驱动模式

科技成果转化是一项跨场域、跨组织边界的主体协同过程，基于政、产（产业/企业）、研（高校与科研机构）、服（科技服务机构，包括中介机构、金融机构等）四大主体分别产生不同的驱动模式。

1. 基于政府主体的驱动模式

政府驱动因素是科技成果转化活动的重要变量。2015年以来，我国启动了以"科技成果转化三部曲"为代表的政策改革，加强了科技成果的产权激励和财税普惠激励，助力科技成果转化的效能。

政府主体驱动的科技成果转化模式一般由政府设置产学研合作项目或组织产学研联盟，在前瞻性技术或公益性技术领域进行规划布局，发挥牵头、协调和监督作用。这种模式下的合作主体一般具有稳定的收益或较好的声誉，政府通常选择大型国有企业作为合作方，且很大程度上并不以直接经济利益为目标，而是看中项目是否具有战略意义、长远前景和较好的社会价值。

政府作为政策的制定方，引领和推动着科技成果转化的宏观方向，是科技成果转化的重要驱动力，基于政府主体的科技成果转化驱动模式中政府的功能主要有以下几点。①政府的统筹规划能力和监管能力可以对科技成果转化过程进行干预、支持，除了规划产业路线和产品定位外，政府还有整合资源的作用。科技成果的技术多样性、专业化、复合化需要更多资源主体的共同参与，政府主体可以

---

① 从帅军, 谢雪, 贾福凯, 等. 探索区域先进技术转移转化体系建设: 以上海市长兴岛先进技术转移转化中心建设为例[J]. 军民两用技术与产品, 2019, (12): 32-39.

协调这些资源主体并对资源进行整合。②基于政府主体的科技成果转化过程中，政府需要参与到其他主体的博弈中，作为转化过程中的核心主体来平衡各方主体的利益。③政府在这个过程中不仅是一个拥有经济属性的主体，还承担着具有较大影响的社会属性，需要保障科技成果除经济价值外的其他社会价值。④多主体时代背景下政府的引导至关重要，随着科技成果转化难度和资源需求的增加，科技成果转化需要政府更多的引导和支持。

在政府驱动的科技成果转化模式中，政府部门要加强现有政策的协同作用，统筹平台建设、人才引进或培养、科研帮扶、技术转移激励、财税金融等各方面并制定综合性政策，加强各个部门之间的联系，认真制定相关制度，确保关键政策的实行，在现有政策的基础上进行改进；要制定好、规划好科技创新协同发展机制，在政策制定时要建立相互衔接机制，保持与已制定政策的兼容和延续；创设财政引导、社会参与的投入机制，促使融资体系多元化发展；调动包括企业、高校与科研机构、技术中介等多方主体人员的积极性，确保转化工作的顺利进行。

2. 基于产业主体的驱动模式

产业主要指科技成果转化中的企业主体。企业通常是技术的接受方，在科技成果转化过程中居重要地位，既是科技成果转化的决策主体，又是科技成果转化的投入主体，还是科技成果转化的实施主体，其职责是产业创新需求的提出和技术应用场景的搭建，承接高校与科研机构技术成熟度较高的新技术或迭代技术，实现创新技术的应用和产业化生产。2012 年 9 月，《中共中央 国务院关于深化科技体制改革加快国家创新体系建设的意见》中指出要"充分发挥企业在技术创新决策、研发投入、科研组织和成果转化中的主体作用"，《中华人民共和国促进科技成果转化法》（2015 年修订）规定"科技成果转化活动应当尊重市场规律，发挥企业的主体作用"，因此企业在科技成果转化中的驱动作用至关重要。

企业在"政-产-研-服"四螺旋模型中承担着重要的主体作用，通常以企业为核心、突出政府服务功能、利用中介组织信息交换的桥梁作用、重视用户的市场反馈作用、融入金融机构的资金链作用、发挥高校与科研机构知识创新作用。与高校主导的科技成果转化相比，企业主导的科技成果转化的效率更高，对区域创新能力的提升效果更显著。以企业为主体建立服务业产业集群，可以有效降低主体之间的信息不对称，增强主体之间的信任度，促进创新集群的开放和共享，从而提升创新绩效。

当前多数企业的创新主体地位体现不足，没有意识到企业创新主体地位，存在缺乏创新意识、研发投入不足、科研与应用脱节、技术需求不足、人才流失严重等方面的问题。为促进企业发挥其主体作用，应厘清政府地位，确立企业研发投入的主体地位，推进企业研发中心建设，完善研发投融资政策、产学研合作机制和人才激励机制，加大品牌建设投入，从而加强科技成果转化。

以产业为主体驱动的科技成果转化模式的基本过程是：企业为提升自身竞争力和经济效益，委托高校或科研机构开发产业，并寻求技术支持、技术服务、技术咨询、技术开发等，通过开展委托或联合开发项目、签订技术转让合同等方式实现高校或科研机构的科技成果向企业的转移。在这个过程中，企业是高校或科研机构科技成果的接收者，要充分考量技术成熟度和市场前景，对科技成果的科技价值和市场价值做出全面的评估与判断，此外，还需要评估科技成果的成熟度和投资力度。该模式目的性较强，其以企业为主体，由商业利益驱动，核心在于链接市场需求，创新逻辑为"商业实现-产品开发-应用研究-基础研究"。这种模式根据产业发展和市场需求进行探索，更关注市场状况并以此调整研究方向和战略布局。在这种驱动模式下，科研人员的积极性更高，与市场需求对接程度更高，且研究成果的可转化性强，经济效益见效快，此外，通过研发新技术来开拓有需求的市场，提高生产效率，还可以充分发挥本地产业研究优势，促进相关产业的发展。

3. 基于科研主体的驱动模式

科研主体指的是以高校与科研机构等科研单位为主体，研究发现，目前中国高校的整体知识研究效率高于知识转化效率，高校创新能力对产学知识流动效率有显著的积极影响；科研主体参与科技成果转化可以促进当地环境和地区特性之间的相互作用，优化高校与环境的互动机制，促进知识的转移流动，为社会带来积极影响；高校创办衍生企业，即校办企业，可以促进高校的技术转移绩效，调节供应方和需求方贡献，高校附属机构的需求可以推动学术界高校与学术伙伴之间的互动关系。由此可见，高校附属机构及校办企业等对科技成果转化、技术转移有良好的推动作用，高校积极参与科技成果转化工作可以促进区域创新和经济发展，基于科研主体的驱动可以有效提高科技成果转化效率。

高校与科研机构是学术创新和技术创新的源头，是创新的主体，在人才培养、科学研究、技术创新和成果输出方面有巨大的天然优势。以科研主体主导驱动的科技成果模式一般由高校选择合作企业，二者共同进行项目的开发，或者通过高校自己成立衍生企业或者采取师生创业等方式实现技术的转移转化，这种模式下的科技成果转化把研发环节"内化"，可以有效提高区域经济自主创新能力。

高校与科研机构进行科技成果转化的内在动力是其自身观念的改变和运行模式的更新，可以促进高校科研主体发挥其创新技术推动作用。建立以高校主体为驱动的科技成果转化模式，需做到以下几点。①从思想上树立科技成果转化意识，明确认识到高校或科研机构不应该只关注技术研发，更应当增加对科技成果转化的注重，高校、科研机构承担着重要的社会服务职能，促进科技成果转化是其实施创新驱动发展战略、增强社会服务能力的重要手段。高校与科研机构应坚持产学研协调发展，推进产学研深度融合，加快科技成果转化。②加强研发投入，提高科研能力。研究表明，高校与科研机构的科研能力越强，技术成果质量越高，就越能吸引企业与高校进行合作，高校和科研机构的科研能力在企业创新需求与高校技术转移间起到正向调节作用。高校或科研机构要注重研发能力的提高，保持科研人员的积极性，为产业升级、企业技术改造和新产品研发等提供智力支持。③完善相应的激励机制，高校与科研机构是科技成果转化的供给方，是非企业创新主体，其科技创新具有公益性，但也应该注重使用政策来激励和提高科技成果转化的效率。可以从以下三个方面进行：将成果转化与职称、奖励、考核等挂钩，鼓励教学与科研相结合，成立科技成果转化中心，充分发挥大学科技园和孵化器的作用；采用股权激励等方式激发高校科研主体的研发和创业热情；优化高校人力资源配置，使高校及科研人员深入参与到科技成果转化中，促进高校与企业的合作共赢。

4. 基于服务主体的驱动模式

基于服务主体的驱动模式主要以科技服务机构（主要包括中介机构和金融机构）为主体完成科技成果转化，中介机构为技术供给方和技术需求方提供信息与平台支持，金融机构为科技成果转化过程提供资金支持和风险承担，二者共同构成政、产、研、服四大主体的一大主体，在科技成果转化过程中起到连接和桥梁作用。

科技成果转化过程需要中介机构主体的加入和参与，如代工机构、转化孵化器等，这些中介机构可以帮助完成一些机械加工以及小微企业的成果转化过程，还可以作为中试基地，扩大科技成果转化的场域功能。此外，科技成果中介机构是高校科技成果转化的重要驱动力，其在高校与企业之间承担着桥梁的作用，可以减少企业与高校之间的信息差，帮助企业和高校更好沟通，还可以为科技研发与成果转化提供转化平台和环境，承担部分成果转化任务，使高校集中精力从事科研工作，从多个方面促进科技成果转化。

金融机构以独特的方式参与多主体科技成果转化过程，是不可或缺的关键节点：它是重要的资金组成部分，无论在科技成果的哪个阶段，都需要对人才、设备等进行资金投入，金融机构可以为此提供资金支持；金融机构也是整合社会资源的重要主体，其通过整合资源来帮助科技成果完成转化，以规避风险，减小其他主体的成果转化风险，提高成果转化的经济价值和社会价值。

建立以中介机构和金融机构为主体的驱动模式，要优化完善科技中介、知识产权交易市场、知识产权运营机构、公共服务平台等专项科技服务业体系，强化技术转移软环境建设，加强中介机构的信息集成作用，构建具有高度资源集中性和信息集成的科技成果转化的中介平台，积极寻求政府部门以及金融机构的支持，为科技成果转化打下良好的服务基础。

5. 基于多主体的驱动模式

在科技成果转化过程中，参与转化合作的合作方数量增加并不会导致效益减少，在合作过程中需明确具体的合同和契约，建立合作制度并按照事先约定进行合作，这样才能实现绩效最大化。因此，除基于政、产、研、服主体的驱动模式外，基于双主体的驱动模式或三主体、四主体、多主体协同驱动发展的模式也可以促进科技成果转化。基于多种主体的驱动模式，依旧是以企业和高校或科研机构为主体，要加强"产研"主体双向引导，推动"产研协同"向"产研融合"转化，通过政策引导高校或科研机构和企业从多方面展开合作，构建协同创新平台，加速产研协同项目成果转化落地，提高科技成果转化成效。

2.1.4　科技成果转化的信息流

仓基武[①]从要素、环境、结构、行为、传递五个维度阐述了硬科技成果转化生态模式，并将信息流归属于传递维度，其中，信息流主要包括政策法律、市场信息等。杨抑[②]在分析产学研三螺旋模型过程中指出，可以将三螺旋中的三方用"科研机构、政府、企业"替代：政府是政策提供方和主导方，提供资金、信息及平台等；科研机构是成果的来源，具有专家、仪器、设备等资源优势；企业是成果市场化的承担方，有技术方面的需求和资金支持，享有场地和运营优势。三者之间以信息流和资金流的方式保持互动。王培林[③]认为科技成果转化的主体协同过程中存在情境信息隐匿、信息沟通不畅、信息不对称、信息获取速度有差异和关注重点不同等认知冲突，高校研究者参与、知识沟通常态化、"协同与竞争"式关系互动、协同技术的日常使用以及认知结构相近化能够有效消解认知冲突。学者对于科技成果转化过程中的信息流研究主要集中在主体之间的信息流传递内容、传递障碍等问题。

科技成果转化的信息流模式可以分为科研导向型、市场导向型和政府导向型三种导向类型，其中科研导向型是以高校及科研机构为主导进行的技术研发和成果转化活动，耗时较长；市场导向型模式中企业是科研资金的主要来源，对技术市场和技术接受者的学习能力要求较高，信息流动效率最高；政府导向型是最常

① 仓基武. 硬科技及其成果转化生态模式研究[J]. 贵阳市委党校学报, 2018, (4): 27-36.
② 杨抑. 科研院所科技成果转化信息共享: 以中国科学院为例[D]. 北京: 北京交通大学, 2017.
③ 王培林. 面向科技成果协同转化的主体认知冲突与消解[J]. 科技广场, 2020, (1): 5-16.

见的科技成果转化信息流模式，主要目的是满足国家或地区的战略发展需求，通常是由政府部门带头，进行资源的整合和技术创新行为。科技成果转化中信息的流动依托于四个环节的互动，如图 2-1 所示。以技术研发环节为起点，经过技术交易、技术中试、技术扩散与应用环节，实现技术的商业化、产业化直至获得预期收益，信息在四个环节中的不间断循环是实现技术转移目标的基础。这四个环节中信息的相互衔接及其转换，构成信息流动的主要机制[①]。

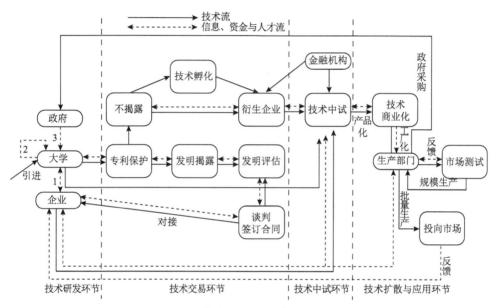

图 2-1 科技成果转化的信息流模型

信息流的运作模式包括直链式信息传递、直链式跨级信息传递、网状信息传递和集成信息流运行模式，集成信息流运行模式与前三种模式相比有较大的优势，相对较为成熟，可以克服信息滞后、速率及协调性较差的缺陷，这种模式的运行需要建立一个信息集成中心。在科技成果转化过程中，技术中介正好能满足这一要求，达到信息集成的效果，即集成信息流运行模式。引入技术中介，可以更好地实现信息实时共享，提供信息交流场所，降低信息的不对称程度，还能实现信息专业化，提高信息流通效率。信息通过技术中介进行传递的一般机制是：技术受体系统发出技术需求信息，信息进入技术中介系统并通过中介桥梁进入技术供体系统，高校等科研机构了解到市场需求并进行技术研发，成果开发后相关信息进入技术中介系统，再传递给技术受体系统，由技术供体提供相关信息和协助服务，共同完成产业化。基于供需合作的信息传递机制更符合实际的科技成果转化

---

① 肖国华，牛茜茜. 技术转移信息流的模式与比较[J]. 图书馆学研究，2014，(17): 6, 94-97.

过程：由技术供应方和需求方分别将信息传递给中介，中介对搜集整理的信息进行调研并选择合适的合作对象，协同制订合作方案，之后对技术信息进行转移，向技术需求方输出原型、演示等，需求方挖掘、学习和理解技术，将其转化为产品进入市场①。

科技成果转化中的信息运行规律有不守恒规律、选择规律、梯度转移规律、衰减规律和整体效应规律。不守恒规律指科技成果转化过程中信息是不守恒的，各类信息总量不断增加；选择规律指信宿（各主体）对于信源发出的信息具有选择性，可以决定是否接受来自信源的信息，这也导致了信宿间得到的信息具有差异；梯度转移规律指在科技成果转化的过程中信息量和信息密度在地域上是不平衡与不均匀的；衰减规律指在科技成果转化过程中信息的传播是逐渐衰减的，遇到各种障碍会出现速度减弱、强度失真等现象；整体效应规律指信息的整体大于单元信息之和，因此对单元信息进行有效的收集和组配，可以更好地发挥整体效应。

2.2　众创背景下科技成果转化的特点

"大众创业、万众创新"这个概念出自李克强在 2014 年 9 月夏季达沃斯论坛上的讲话。李克强提出②，"在中国 960 万平方公里土地上掀起一个'大众创业'、'草根创业'的新浪潮"，"形成'万众创新''人人创新'的新势态"。2015年 9 月，国务院印发《关于加快构建大众创业万众创新支撑平台的指导意见》③，为推进大众创业万众创新和推动实施"互联网+"行动做出具体部署。随后各省区市政府均推出了响应"大众创业万众创新"、建设众创空间的政策。

大众创业万众创新的时代背景为科技成果转化带来了新的发展机遇，科技成果转化是大众创业万众创新的重要方式和路径选择，是创新创业的最终目标导向，促进科技成果转化对促进大众创业万众创新、打造经济发展新引擎具有重要意义。

2.2.1　普惠性

在大众创业万众创新背景下，科技成果转化更需要强调其普惠性。政府在主导科技成果转化的过程中，可注意以下几点。

（1）要转变政策扶持理念，从"事后追认"式的政策支持转向"事前引导"

---

① 李冰. 技术转移中的信息资源配置研究[D]. 长春: 吉林大学, 2008.

② 李克强: 在第八届夏季达沃斯论坛上的致辞[EB/OL]. http://www.gov.cn/guowuyuan/2014-09/11/content_2748703.htm[2014-09-11].

③ 国务院关于加快构建大众创业万众创新支撑平台的指导意见[EB/OL]. http://www.gov.cn/zhengce/content/2015-09/26/content_10183.htm[2015-09-26].

的政策，多进行政策预期效果的调研和考察，实施更多为科技成果应用推广营造空间、提供服务的需求侧政策，并引导社会力量和社会资本的广泛参与[①]。

（2）推动政策由当前的差异化、选择性向普惠化转变，扩大普惠政策范围。其政策支持对象应当从国有企业、大企业为主转向一视同仁对待所有各类所有制、各种规模企业，支持方式由选择性补贴、投资补助等措施转向普惠性减税、产业基金股权投资、政府市场采购、消费者补贴等手段，避免破坏公平[②]。

（3）现今实行的科技成果转化税收优惠政策普惠性不足，实施范围较为局限，未能惠及真正进行成果转化的企业，政府需加快优化税收优惠方式，落实企业研发费用税前加计扣除等普惠性税收优惠政策，扩大税收优惠政策的覆盖范围，逐步丰富和完善科技成果转让、实施环节的税收优惠方式，拓展税收环节，强化政策全阶段效应[③]。

（4）政府应建立普惠性支持政策，提高政策实施的精准度，建立完善政商沟通联络和容错纠错机制，依法保护企业的合法权益，从而优化企业创新发展环境[④]。

2.2.2　分散性、差异性、层次性、多元化

1. 分散性

因大众创业万众创新涉及面广，故科技成果转化从不同角度反映出更多分散性。

①知识分散。知识在科技成果转化的各环节各阶段呈零散分布的状态，在不成熟的转化系统中，知识的完整性、真实性、安全性通常难以保障，因此知识的分散性是影响科技成果转化效率的重要影响因素[⑤]。②平台分散。目前我国已经建立了很多技术转移平台，可以有效集成技术转移信息，实现供需匹配，促进技术供需的对接，从而提高科技成果转移转化的效率，但这些平台分散在全国各地，数量多且不集中，内容上也有很强的地域性，海量分散的、片面的、零碎的信息不利于跨区域科技成果的转化，因此，需要建立跨区域统一的在线技术转移信息平台[⑥]。③资源分散。在区域技术资源碎片化环境下，科技成果转化的支撑资源也

---

① 上海市政府研究部署进一步促进科技成果转移转化[EB/OL]. http://www.gov.cn/xinwen/2015-09/15/content_2931672.htm[2015-09-15].

② 肖苏阳. 地方政府行为对科技成果转化效率影响研究：基于"竞争"与"寻租"视角[D]. 武汉：中南财经政法大学, 2020.

③ 青海省促进科技成果转化条例[EB/OL]. https://kjt.qinghai.gov.cn/content/show/id/7429[2021-01-07].

④ 佚名. 建言科技成果转化　助力高质量发展[N]. 河北日报, 2021-09-09(008).

⑤ 曹越, 范良松. 区块链驱动下科技成果转移转化的启示探析[J]. 科技广场, 2020, (5): 29-36.

⑥ 何喜军, 马珊, 武玉英, 等. 多特征融合下在线技术转移平台供需匹配研究：以京津冀区域数据为例[J]. 情报杂志, 2019, 38(6): 174-181.

具有分散性，技术资源碎片化导致科技转化配置技术资源分散于其他创新主体，由于单个创新主体很难实施转化，而其他创新主体的增多使得支撑资源被过多地稀释分化，单个技术转化项目所得到的资源份额减少，不利于区域科技成果转化。④创新源分散。科技成果转化过程中的创新源来自各高校、科研机构或企业的科研人员和研发团队，分散在不同的组织、单位中。⑤技术分散，部分技术所有权归属科研人员自身，部分技术的所有权在其单位，技术分散在人员或各个不同主体之间。

在相对分散的知识、平台、资源、创新源和技术中，要建立集成统一的管理平台，将分散的对象有效整合。

2. 差异性

在大众创业万众创新背景下科技成果转化涉及更多主体、更多区域，因此表现出空间差异性、政策差异性和主体差异性等。

（1）空间差异性。空间差异性即区域差异性，各地区之间由于经济发展水平不同，在科技创新效率方面也存在差异，不同地区的人力投入对其科技创新效率的影响也存在空间差异性。

（2）政策差异性。政策差异性是相对于政策同一性而言的，指地方政府会根据辖区内科技成果转化存在的个性问题，结合本区域发展实际情况制定适合本区域发展的政策，这些政策表现出区别于中央政府出台的在全国范围内统一实施政策的特性，如华东地区科技成果转化政策的力度、完善度、协同度就与其他地区不尽相同①。

（3）主体差异性。科技成果转化过程中各利益相关主体之间的紧密程度存在差异性，产学研合作模式按照产、研主体之间合作的紧密性可以划分为学术交流型、学术参与型和学术产业化型合作模式，三种模式对于学术绩效的影响也存在差异②。

3. 层次性

在大众创业万众创新的背景下加强科技成果转化工作，需要注意到用户需求和转化工作的层次性问题。创新创业的大众，既包括科研机构、高等院校、规上企业以及创新能力较强的高新技术企业、专精特新企业，也包括中小微企业和个

---

① 张良强, 赖莹珍, 曾勇杰. 华东地区科技成果转化政策的差异性及其影响研究[J]. 电子科技大学学报（社科版）, 2020, 22(5): 32-42.

② 张艺, 龙明莲, 朱桂龙. 科研团队视角下我国研究型大学参与产学研合作对学术绩效的影响[J]. 科技进步与对策, 2019, 36(1): 132-141.

体形态的科研工作者、大学生，甚至学历偏低、年龄偏大、身体偏弱的人士都有可能是创新创业的主体。面对这样的群体做科技成果转化工作，就需要因应对需求、禀赋、资源、特点的不同和层次性而形成科技成果转化工作的层次性。这种层次性，可以体现为科技成果先进性或成熟性从低到高的不同，也可以体现为科技成果对接或交流方式从简单到复杂的不同，甚至可以体现为合同中约定的合作与运营方式在难度与时间周期上的不同等。概要言之，就是要因地制宜，分层推进。

4. 多元化

大众创业万众创新背景下科技成果转化的多元化问题，与前述特点相同，亦源于众创主体的多元化。创新创业各主体的基础不同、资源不同、愿景不同、需求不同，因而在面向它们开展科技成果转化工作时也会有诸多各不相同的特点、方式、客体、广度和深度。这些多元化的性质可能体现在不同的学科领域、不同的成果阶段、不同的专家团队、不同的配套措施、不同的科技服务、不同的市场分析、不同的转化方式等。这种多元化既是众创背景下的必然，也符合科技成果转化的一般规律。

2.2.3　小微化、个性化、碎片化

1. 小微化

大众创业万众创新背景下有大量的创新主体是小微企业、个体企业、创客和大学生个体，这是科技成果转化不应忽视的重要群体，现在国内外很多科技企业都是从无到有、从小到大做起来的，而且形成了经济发展的新鲜血液和新增长点。针对该群体的科技成果转化工作就会表现出服务对象的小微化和科技成果及其相关信息的小微化。

服务对象创新主体的小微化包括企业的小微化和创客群体的小微化。企业的小微化是把企业融入或改造为平台，转变企业现有的运行模式和部门构造，部门转变为自主经营的单元，部门内进行独立核算，各部门联结成为利益共同体，并共担风险，这样不仅可以激发基层创新活力，还能逐步完善产业链，其本质是放弃做大而专注于做强，培育、巩固、加强核心竞争力。创客群体的小微化指的是出于兴趣爱好，将创意转变为实际产品的群体，以用户创新为核心理念，通过创客来推进创新创业，整合资源优势，实现小微化发展，进而组建小微企业。以海尔集团公司为例，该集团启动小微公司模式，鼓励员工内部创业，集合互联网时代的资源，推行"员工创客化"，通过创客群体的小微化利用海尔的平台资源快速变现价值。

科技成果信息的小微化表现在科技成果信息需求和信息呈现形式的小微化。

创新能力是小微企业生存与发展的关键，小微企业在创新发展过程中面临技术升级、新产品开发、市场拓展、核心人才竞争、企业管理经营等多方面的挑战，但由于企业个体较小，没有足够的成本来成立专门的信息服务部门，因此，企业在创新过程中，往往需要大量的、具有小微化特征的科技信息。目前的信息环境，也使得信息的呈现方式小微化，尤其是在自媒体环境下，各种渠道的信息填充拼接成为"信息拼图"，这样的信息通常是零散的、未被验证的、不成系统的。在此种情况下呈现的小微化信息，往往是不完整的、缺乏系统性的，在其过程中，信息的准确性无法得到保障，而没有权威机构的验证，信息的可信度也大打折扣。因此，小微化的信息要立足于信息需求主体的需要，通过信息服务主体的有效识别来提高附加值。

2. 个性化

科技成果转化中的个性化指的是加强科技成果个体信息的管理，根据需求者的要求，科学、灵活设置匹配任务，并进行详细记录和服务反馈，最大化提供个性化服务，实现个性化服务的长效性和稳定性。个性化在科技成果转化过程中具体表现为：以信息资源服务为核心搭建高校科技成果转化平台，在与用户交互过程中充分了解用户需求，以便进行需求和服务的精准匹配；在科研立项过程中提供知识推送服务；科研成果推广阶段可以将成果宣传挖掘与个性化服务系统相结合；科技成果转化后的跟踪阶段，可以通过建立知识档案、跟踪相关课题的创新点、试验方法等情况，对需求方进行全周期完善和维护。

3. 碎片化

科技成果转化涉及的科技信息、市场信息、金融信息、政策信息往往以碎片化的形式呈现出来，需要加工整理；同时，科技成果转化相关工作，也往往会因为创新主体的层次性、多元化、小微化而在一定程度上增加碎片化的程度。这两方面问题都需要加强科技成果转化相关信息的组织与分析工作。

2.3 与科技成果转化相关的经济学观点

技术转移首先是在 1964 年第一届联合国贸易和发展会议上被作为解决南北问题的经济援助与经济开发战略的经济学概念提出并讨论[①]。2017 年，中央全面深化改革领导小组第三十七次会议强调，"加快推动重大科技成果转化应用，更

---

① 李果仁. 技术转移理论研究概述[J]. 科技管理研究, 1992, (4): 22-25.

好发挥技术转移对提升科技创新能力、促进经济社会发展的重要作用"①。因此，从经济学角度来思考科技成果转化或技术转移，有利于拓展认识，更好地分析问题与不足，提高成效。本节探讨部分重要经济学理论或观点对科技成果转化工作的启示。

2.3.1　科技成果转化与现代经济系统

现代经济系统支撑着科技成果转化活动，本节从对该系统环境的特征描述展开分析。

1. 经济活动对知识的利用

弗里德里希·哈耶克（Friedrich Hayek）认为经济学问题的本质是知识论问题，1945 年，哈耶克在《美国经济评论》发表题为《知识在社会中的利用》（The use of knowledge in society）的文章，从经济秩序建立的角度进一步阐明了经济学的研究对象，明确提出拥有知识或信息在建立合理经济秩序中起着基础性作用②。哈耶克的思想为经济学理论引入了知识论基础，为 20 世纪 60 年代信息经济学的建立与发展埋下了伏笔。正是从信息利用的角度，乔治·施蒂格勒（George Joseph Stigler）对"市场是有效率的"这一传统命题提供了全新且重要的理解，并因为对信息经济学的贡献于 1982 年获得诺贝尔经济学奖。施蒂格勒曾说"我对经济学理论最重要的贡献，可能就是认为信息是一种可以进行生产和交易的有价值的商品"③。哈耶克与施蒂格勒的思想说明，知识与信息通过被交易方获取和利用而参与经济活动（包括生产、配置、消费等各经济活动环节）并深刻影响价格信号的生成与释放过程。同时，任何知识与信息无法在生产实践中直接利用，只有凭借人的创造性劳动，通过科学研究与技术开发活动，从知识与信息中"合成"其衍生物——技术，通过技术开发与应用过程将普遍的知识实际应用于特定领域，才能真正将知识融入科技成果转化过程价值链。作为新知识、新信息"聚合体"的新技术必须通过被知晓、被获取、被定价、被交换、被应用才能成为经济活动的实际要素。

2. 奈特不确定性

1921 年，弗兰克·奈特（Frank Knight）将其博士论文以书名《风险、不确

---

① 习近平: 敢于担当善谋实干锐意进取　深入扎实推动地方改革工作[EB/OL]. http://www.xinhuanet.com/politics/2017-07/19/c_1121347268.htm[2017-07-19].

② Hayek F A . The use of knowledge in society[J]. The American Economic Review, 1945, 35(4): 519-530.

③ 施蒂格勒 G J. 施蒂格勒自传: 一个自由主义经济学家的自白[M]. 李君伟, 译. 北京: 机械工业出版社, 2016: 263, 678.

定性与利润》(*Risk*, *Uncertainty*, *and Profit*) 出版, 成为经济学经典著作。在此书成书年代, 经济学的目的是探寻经济现象之间的确定的规律性联系, 但奈特认为人类的认知能力使其无法获得完备的经济规律, 人类所能建立的经济规律都只有有限的解释力。奈特认为, 经济活动本身是一个变化过程, 同时也处于变化的环境中, "变化的真正深远影响并不是这些变化都是本身的结果, 而是在一个变化的世界中存在着的不确定性的结果。……在变化可预见的情况下, 变化不会扰乱生产服务的完全竞争的先决条件, 而成本和价值完全相等时, 也就不会有利润存在"①。没有利润也就没有可持续的经济活动。

　　奈特从收入分配理论中的利润问题出发展开分析, 认为既然完全竞争的基本性质是不存在利润或亏损, 那么利润是分析完全竞争与现实竞争之间不一致性问题的出发点。为解释理论条件与实际条件下竞争的不一致性, 奈特引入了不确定性概念, 并区别了确定性风险 (insurable risks) 与不确定性风险 (uninsurable risks) 两种概念, 揭示了理论上完全竞争与实际竞争之间的本质区别, 从而揭示了利润的来源。奈特称, 在经济活动中, "能够导致利润的唯一'风险', 就是承担最终责任而导致的不确定性", 基于个人禀赋的"判断能力是实施承担责任之控制的关键。正是这种最本质的判断能力出现的误差, 构成了竞争性组织 (其他类型的组织也适用) 运营的不确定性, 而且也是唯一的真正的不确定性。也正是这种不确定性, 正确地解释了严格意义上利润的内涵"②。

　　今天, 奈特氏不确定性 (Knightian uncertainty) 一词被用以指代无法被衡量的期望值、不能被计算的或然率、无法被预知的风险。这一概念已成为应用经济研究与问题讨论中的基本出发点, 也是人们概括商业环境特征的最核心词汇。《风险、不确定性与利润》一书所提供的观点也形塑了人们认识包含技术要素在内的经济要素投资与利润回报间关系的重要思路。奈特分析的重要意义在于明确以下观点: 在科技成果转化活动中的各种经济行为 (这里所称经济行为包括在科技成果转化过程中发生的关于商品与服务的所有生产、配置、消费的行为, 下同) 组成的行为链是围绕各活动环节间的奈特氏不确定性建立的。换言之, 正是科技成果转化活动的各种经济行为主体对于技术所代表的奈特氏不确定性价值判断的差异引导了它们之间的交往互动, 从而构建起将新技术从实验室引入生产与商业领域的集体参与的经济活动。正如奈特所言"在经济学中, 不确定性问题的根源是经济过程本身的未来性"③。

① 奈特 F H. 风险、不确定性与利润[M]. 王宇, 王文玉, 译. 北京: 中国人民大学出版社, 2005: 109-110.
② 奈特 F H. 风险、不确定性与利润[M]. 王宇, 王文玉, 译. 北京: 中国人民大学出版社, 2005: 224
③ 奈特 F H. 风险、不确定性与利润[M]. 王宇, 王文玉, 译. 北京: 中国人民大学出版社, 2005: 175.

2.3.2　技术要素与经济增长

1. 包含技术的"新的组合"

约瑟夫·阿洛伊斯·熊彼特（Joseph Alois Schumpeter）的《经济发展理论》在 1911 年以德文首次出版。书中一反当时新古典经济学的一般均衡理论分析，提出创新驱动经济发展的"创新理论"（innovation theory）。《经济发展理论》的观点构成了熊彼特经济学的核心，并在其后的著作中得到进一步扩充。熊彼特经济学强调"创造性破坏是资本主义的本质"，认为由企业家主导的以创造性破坏为特征的持续性非均衡阶段构成了经济发展轨迹。熊彼特没有严格定义创新，只是描述了一种"把我们所掌握的原料和生产要素结合起来"的"新的组合"（生产函数）的行为[①]。他认为"开动资本主义发动机并使它继续动作的基本推动力，来自新消费品、新的生产或运输方法、新市场、资本主义企业所创造的产业组织的新形式"[②]。简言之，熊彼特经济学认为，经济活动中原料与生产要素新组合的持续出现是现代经济的永恒动力。熊彼特提出了包括"创造出新产品""采用新生产方式""寻求新市场""获得原材料或者半成品的新的供应来源""适合的新组织"在内的五种具体的创新方式[③]。熊彼特经济学发展出两种创新模式："熊彼特模式Ⅰ"也称广度模式，侧重于促进新企业进入市场；"熊彼特模式Ⅱ"也称深度模式，侧重于 R&D 实验室与技术创新的结合，强调大公司利用"创造积累"建立壁垒以阻止新的创新者，是集聚程度更高的模式[④]。

熊彼特以经济史学家的眼光看见"在一定的时候所使用的每一种生产方法，都要服从经济上的恰当性。这些方法不仅包含经济内容的想法，而且也包含物质内容的想法。但后者有它们的问题和它们的逻辑，把这些彻底地想清楚——首先不去考虑经济的、最后起决定作用的因素——那是技术的目的；只要经济因素不另作指标，将其付诸实施就是技术意义的生产"[⑤]。该见解超越当时的均衡经济学分析思路，正式将技术因素纳入到对经济发展分析的考量范围。但熊彼特经济理论对新技术如何从研究领域进入经济领域并发挥动力作用的路径尚缺乏必要的分析。在熊彼特生前，关于企业如何通过技术创新提升经济效益的研究非常少，技术型"新组合"如何出现似乎仍是黑箱。熊彼特为技术与经济发展结合引入的关键思想在于指出创新不仅是产生新的实验室技术成果，而是要将新技术投入经济

① 熊彼特 J A. 经济发展理论[M]. 何畏, 易家详, 等译. 北京: 商务印书馆, 1990: 73.

② 熊彼特 J A. 资本主义、社会主义与民主[M]. 吴良健, 译. 北京: 商务印书馆, 1999: 104.

③ 熊彼特 J A. 经济发展理论[M]. 何畏, 易家详, 等译. 北京: 商务印书馆, 1990: 146-151.

④ 代明, 殷仪金, 戴谢尔. 创新理论: 1912—2012: 纪念熊彼特《经济发展理论》首版 100 周年[J]. 经济学动态, 2012, (4): 143-150.

⑤ 熊彼特 J A. 经济发展理论[M]. 何畏, 易家详, 等译. 北京: 商务印书馆, 1990: 17.

活动，使其成为经济发展的动力组成。该思想倡导将实验室新技术转化为现实生产力，是现今科技成果转化思路的源头。

2. 作为外生变量的技术与经济增长

在新古典经济学理论中，引入技术要素构建经济增长分析框架的代表是 1956 年的索洛增长模型与 1986 年的罗默模型。本节先讨论索洛增长模型。

罗伯特·默顿·索洛（Robert Merton Solow）运用国民经济核算数据开发出新古典经济学框架内著名的经济增长模型——索洛增长模型（Solow growth model），该模型又被称为新古典经济增长模型、外生增长模型（exogenous growth model）。模型分析显示，从长期来看，在没有技术进步且产出、资本与劳动力以相同速率增长的情况下，经济系统将抵达一条稳态增长路径（steady-state growth path）。并且，索洛研究计算出在美国 20 世纪前半期工人人均产出的增长率中，有 7/8 应归因于创新与技术进步。经济增长除劳动与资本两个内生因素外，还包括外生的技术进步因素[①]。从索洛的增长模型中得出的一个主要结论是：对于经济系统而言，只有在达到稳定状态之前，高储蓄率才能导致高增长，一旦经济系统处于稳定状态，人均产出的增长率就只取决于技术进步的速率。

索洛的研究表明：如果投入生产的技术进步能够节省劳动这一供给量固定的要素，那么投资的边际收益递减就可得以缓解或者避免，"在长期内，所有的人均产出增长都必须来自节约劳动的技术变化"[②]。索洛凭此研究荣获 1987 年诺贝尔经济学奖。诺贝尔委员会前主席林德贝克评价说，"正是索洛的理论，使工业国家愿意把更多的资源投入大学和科学研究事业"。事实上，这一理论更重要的作用可能是：由于索洛分析是在新古典经济学框架中展开的，其所具有的"正统经济学身份"给现代经济系统注入了强心剂，促使从企业到国家层面的经济主体都相信将技术引入经济生产活动能够成为新的且长期的增长要素，同时也催生了各种鼓励技术进入经济生产活动的公共或私人政策的产生。

3. 内生技术变量、技术投资与垄断利益

索洛增长模型将技术进步视为经济增长的外生变量，即只是假设存在技术进步。这使得技术进步的决定因素没有得到很好解释。对此问题做出新解释的是罗默模型。

1986 年，保罗·罗默（Paul M. Romer）发表开创性论文《递增报酬和长期增

---

① Solow R M. Technical change and the aggregate production function [J]. The Review of Economics and Statistics, 1957, 39(3): 312-320.

② 伊斯特利 W. 经济增长的迷雾[M]. 2 版. 姜世明，译. 北京：中信出版社，2016: 198, 976.

长》（Increasing returns and long-run growth）[①]，提出一种新古典内生增长理论，将知识（尤其是技术研发）视为经济系统内生要素，纳入增长统计。罗默的内生增长模型将索洛增长模型中的经济变量——技术进步率内生化，因而是索洛增长模型的扩展。内生化途径是将技术进步视为由投入到研究与开发中的资本和人力资本所产生的结果，且进入经济生产活动的技术要素的外部性效应消除掉其长期投资面临的报酬递减趋势，实现长期人均正增长。罗默研究的核心内容是知识的扩展性。借助罗默模型的表达，科技不再是一种时隐时现、可提高经济生产率的外生力量，而是一种可在经济各领域创造回报的投资。从经济学的角度看，当一种要素能够被视为一种投资，那么就可以对其建立规范的经济学分析。并且，当这种分析的影响进入生产商业领域时，技术投资决策成为公司长期战略主题。

　　罗默在后来的分析中修改了技术知识的公共品属性的假定[②]。罗默认为，对于经济增长最有意义的情形，也是最能体现技术进步特征的知识物品一般是非竞争性的，并同时具有一定的排他性，因而技术知识既非普通物品，也非公共物品，而是属于俱乐部物品。企业对技术投资的报酬属于垄断竞争报酬，由此获得的垄断利润可以作为对科研活动的激励。为保有垄断利润，企业一般会在新产品创造之初便申请专利，从而在一定程度上限制他人的使用，加强以知识为形式的技术进步的垄断属性，而这种垄断权力正是模型得以产生内生增长的关键。

　　以罗默为代表的内生技术经济增长理论产生于美国，其现实背景是：知识在现代经济中的地位日益重要，以美国为代表的发达国家正处在从工业化社会向后工业化知识社会的转变之中，因而被视为"新增长理论"。这类理论为现代企业投资技术研发，申请专利，将专利技术应用于生产活动等一系列过程提供了来自经济学的合理化支撑。该过程正是今天科技成果转化概念的核心内容。罗默的研究，正如 2018 年诺贝尔奖经济学奖所评价的那样，"向世人明确地呈现了经济力量/因素是如何影响甚至支配公司的创新与创造的"。

2.3.3　产权主导的知识定价

　　罗纳德·科斯（Ronald Coase）创设了"交易成本"（transaction costs）概念，用以界定"利用价格机制的成本"或"利用市场的交换手段进行交易的成本"；其后科斯将交易成本分析扩展到社会系统，并得出有关交易成本有无与产权界定清晰与否两个条件共同影响通过市场交易实现分配的结论[③]，被称为"科斯定理"

---

① Romer P M. Increasing returns and long-run growth[J]. Journal of Political Economy, 1986, 94(5): 1002-1037.

② Romer P M. Endogenous technical change[J]. Journal of Political Economy, 1990, 98(5): 71-102.

③ Coase R H. The problem of social cost[J]. Journal of Law and Economics, 1960, 3: 1-44.

（Coase theorem），其实质是：权利界定是交易的基本前提[①]。科斯的研究开启了经济学研究新范式，将经济学理论拉回真实世界（real world）并与制度联系在一起，成为交易成本经济学（transaction costs economics）与法律经济学（law and economics）两个经济学分支的基础。

科斯理论将经济学分析视角的出发点引至社会制度本身，将其对交易行为的认识从传统的实物转换到更为本质的权利之上，指出双方在交易前后"实际上所拥有的永远都是实施一定行为的权利"[②]。该项权利即是"产权"（property）。产权原为法律概念，由科斯引入经济学理论。科斯理论的首要意义在于使人们认识到，对于任何希望加入经济价值链、实现有效率交易的有形或无形之物而言，交易双方必须先为其设定产权，并尽量确保该产权被明确界定。由于定价问题是经济交易的核心问题，因而定价权利也成为产权方法分析的核心问题。按照阿尔钦（Alchian）的说法，"所有定价问题都是产权问题"[③]。

科斯定理被习惯地表述为：第一，如果交易费用为零，则产权的初始界定并不影响资源配置优化；第二，如果交易费用不为零，则产权的初始界定影响资源配置优化。根据该定理，为实现科技成果转化，将知识、信息、技术作为生产要素纳入经济系统的价值链，并试图通过将其充分市场化来发挥推动经济增长的动力作用，首要的是在这些无形而有价值之物上设立产权，明确权利归属与权利范围。这将不再是单纯的经济学问题，而是社会制度（institution）问题。这也是科技成果转化的客体通常具有知识产权的原因。

2.3.4　科技成果转化的支撑系统

现代社会系统依赖生产专业化分散化协作运行，从而成为一个知识发散的社会系统。在此系统里，人们必须对生产资源拥有可靠的、可以让渡的产权，并在可信赖的合约交易的谈判中以及较低的成本下进行产品交换。这一体制协调发散信息的能力使得更有价值的物品的可得性增加，并使生产它们的成本变得越来越低[④]。然而，任何权利人为调整产权价值具备的协调发散信息的能力都是有限的，由此使得信息成本成为交易成本中的重要部分。退守新古典经济学的"理性人"假设，"理性决定"面临的高昂信息成本主要来自不完全信息的世界与有限理性人的决策两个方面。

---

① 科斯 R H. 企业、市场与法律[M]. 盛洪，陈郁，译. 上海：格致出版社，上海三联书店，上海人民出版社，2014：125.

② 科斯 R H. 企业、市场与法律[M]. 盛洪，陈郁，译. 上海：格致出版社，上海三联书店，上海人民出版社，2014：118.

③ 周其仁. 产权与中国变革[M]. 北京：北京大学出版社，2017：120.

④ 阿尔钦 A A. 阿尔钦：产权：一个经典注释[EB/OL]. https://www.aisixiang.com/data/86171.html[2015-04-03].

1. 不完全信息的世界

20 世纪 60 年代信息学兴起引导研究者关注市场系统中知识与信息在不同成员中的分布特征。20 世纪六七十年代的三位研究者乔治·阿克尔洛夫（George Akerlof）、迈克尔·斯宾塞（Michael Spence）、约瑟夫·斯蒂格利茨（Joseph Stiglitz）在各自的研究中都注意到信息在市场交易各方的分布存在"一些人知道的比另一些人多"以及"我知道你所不知道的"的特征，并称之为"不对称信息"（asymmetric information）。2001 年，瑞典皇家科学院将当年诺贝尔经济学奖授予上述三位学者，以嘉奖其"逆向选择"（adverse selection）、"信号传递"（signal transmission）、"信息甄别"（information screening）等代表性研究成果对于不完全信息理论（incomplete information）的贡献。此次颁奖标志着现代经济学研究对新古典经济学范式两个重要基础性假设之一——完全信息（complete information）假设的否定。

现代经济在劳动分工与专业化的基础上建立，不同市场主体之间永远天然地存在不对称信息。"不完全信息"与"不对称信息"虽然推高了信息成本，使产权永远处于不可明晰界定的状态，但也促成了大量交易的发生，从而成为维持现代经济正常运行的重要因素。当把科技成果转化问题的讨论置于这一背景下进行理解时，我们会发现，在以技术作为客体的经济行为中，经济行为是围绕新知识、新信息以及新技术建立的，交换的一方是明确的资本、人力、精力、时间的投入，另一方则是无法亲身感知与体验的技术有益性。知识分工和技术专业化又导致对技术有益性的掌握与理解程度存在严重的不对等，因而，行为人面临的上述难题可能比其他经济物品交换中遇到的问题更难。这是打造科技成果转化信息服务系统时尤其值得关注的问题。

2. 有限理性人的决策

赫伯特·西蒙（Herbert Simon）于 1975 年因"在人工智能、人类心理识别和列表处理等方面进行的基础研究"获得计算机图灵奖，于 1978 年因"经济组织内的决策过程进行的开创性的研究"获得诺贝尔经济学奖，但其"有限理性"（bounded rationality）与"满意度模型"（satisficing model）的理论价值始终没有被经济学界真正认识。2002 年，丹尼尔·卡尼曼（Daniel Kahneman）因"把心理研究的悟性和洞察力与经济科学融合到了一起，特别是有关在不确定条件下人们如何做出判断和决策方面的研究"与弗农·史密斯（Vernon Smith）共享诺贝尔经济学奖。这是诺贝尔经济学奖首次颁予行为经济学领域。丹尼尔·卡尼曼与其已故同事阿莫斯·特沃斯基（Amos Tversky）提出的前景理论（prospect theory），从心理学角度描述了个体在风险（包括信息不对称的风险）下做决策所依据的准则和经验。

该理论认为决策者对待收益和损失的态度是不对称的：面临收益时更趋向风险规避（确定效应），面临损失时更趋向风险偏好（反射效应），人们对损失比对获得更敏感（损失规避），人们对得失的判断往往来自与参照点的比较（参照依赖）。这些心理行为特征将影响人们在不确定情况下的行为和决策取向[1][2]。2017 年，行为经济学家理查德·塞勒（Richard Thaler）凭借"将心理上的现实假设纳入到经济决策分析中"的诸多研究成果获得诺贝尔经济学奖。塞勒在前景理论的基础上提出"禀赋效应"（endowment effect），证明参照依赖和损失规避在确定环境下依然很重要，认为某项物品的拥有者对该物品价值的评价要比未拥有之前大大增加，出于对损失的畏惧，人们在出卖商品时往往索要过高的价格[3][4]。诺贝尔经济学奖两次授予行为经济学家是对西蒙"有限理性"警示的正式回应，也标志着现代经济学研究对新古典经济学范式两个重要基础性假设之二——理性经济人假设（rational economic person assumption）的否定。

有限理性人假设的经济决策理论意味着，在科技成果转化系统中，各方处理信息的能力有限，不对称信息不可能被真正消除；各方的行为决策也并非建立在获取完全信息的心理预期之上，因而向科技成果转化系统中投放关于新技术的充分信息并非促成经济行为发生的充分条件；各方的人格特质、情景依赖会影响其经济行为决策，并最终影响科技成果转化的各环节。这也是构造科技成果转化信息服务系统时值得关注的问题。

3. 委托代理问题与不完全契约

在现代社会的知识分散与专业分工型协作系统中，"财富或效用的最大化要利用交易带来的增益是专门化的结果。这个模式的基本特征存在代理人和委托人之间。代理人为委托人工作……委托人把某种决策权交给代理人"[5]，由此催生了大量的委托代理关系。

在《风险、不确定性与利润》中，奈特首先注意到投保人的道德风险（moral hazard）问题对保险市场不确定性的影响[6]。1963 年，经济学家肯尼斯·阿罗

① Kahneman D, Tversky A. Prospect theory: an analysis of decision under risk[J]. Econometrica, 1979, 47(2): 263-291.

② 卡尼曼 D. 思考，快与慢[M]. 胡晓姣，李爱民，何楚莹，译. 北京: 中信出版社, 2012.

③ 赵琳. 2017 年度诺贝尔经济科学奖获得者 Richard Thaler 研究工作评述[J]. 管理评论, 2017, 29(10): 3-8.

④ Kahneman D, Knetsch J L, Thaler R H. Chapter 100 the endowment effect: evidence of losses valued more than gains[J]. Handbook of Experimental Economics Results, 2008, (1): 939-948.

⑤ 诺思 D. 经济史上的结构与变革[M]. 厉以平，译. 北京: 商务印书馆, 2013: 228.

⑥ 奈特 F H. 风险、不确定性与利润[M]. 王宇，王文玉，译. 北京: 中国人民大学出版社, 2005: 182-184.

（Kenneth Arrow）发表《不确定性和医疗保健的福利经济学》一文①，指出医疗保险体系中三方存在因不对称信息而存在的道德风险问题。詹姆斯·莫里斯（James Mirrlees）、迈克尔·斯宾塞、约瑟夫·斯蒂格利茨在 20 世纪 70 年代末注意到，在委托代理关系中，除存在委托代理双方之间的信息不对称以外，还存在利益不完全一致的情形，后者是诱导双方相互隐藏信息的动机，并由此引出更为严重的道德风险。由于在委托代理关系中，委托方的利益是通过代理方来实现的，约束代理方行为的问题也转化为特定的委托代理问题（principal-agent problem）。莫里斯在 1974 年、1999 年、1976 年分别发表的三篇论文（《关于福利经济学、信息和不确定性的笔记》②《道德风险理论与不可观测行为》③《组织内激励和权威的最优结构》④）奠定了委托 – 代理理论的基本框架。莫里斯因"在信息经济学理论领域做出了重大贡献，尤其是不对称信息条件下的经济激励理论"的贡献荣获 1996 年诺贝尔经济学奖。

本特·霍姆斯特罗姆（Bengt Holmström）继续进行委托代理问题的讨论，在 1979 年发表《道德风险与可观察性》一文⑤，指出不完全信息在受道德风险影响的委托代理关系中的作用，并提出计算基于双方单独收益出发对委托代理合同进行改进所需要信息量（informativeness）的充要条件。1986 年，霍姆斯特罗姆与奥利弗·哈特（Oliver Hart）合作发表综述论文《契约理论》⑥，将交易成本理论、不完全信息理论综合在一起，得出现代经济学中一个新的综合型理论——契约理论（contract theory）。契约理论是对博弈论的应用，它用一种契约关系来分析现实生活中各类产品和劳务的交易行为，然后设计一种约束人们行为的机制或制度，以便实现社会福利最大化。它包括完全契约与不完全契约两个方向⑦。哈特注意到由于单个合同不可能顾及每一种可能性，因而所有契约都是不完全契约。哈特发展了产权理论，创建了契约理论的新分支——不完全契约理论（incomplete contracting theory），用于处理不完全契约的情况。哈特的理论区分了基于契约的

① Arrow K J. Uncertainty and the welfare economics of medical care[J]. The American Economic Review, 1963, 53(5): 941-973.

② Mirrlees J A. Notes on welfare economics, information and uncertainty[C]//Balch M, McFadden D and Wu S Y. Essays in equilibrium behavior under uncertainty. Amsterdam: North-Holland, 1974:243-258.

③ Mirrlees J A. The theory of moral hazard and unobservable behaviour: part I[J]. The Review of Economic Studies, 1999, 66(1): 3-21.

④ Mirrlees J A. The optimal structure of incentives and authority within an organization[J]. The Bell Journal of Economics, 1976, 7(1): 105-131.

⑤ Holmström B. Moral hazard and observability[J]. The Bell Journal of Economics, 1979, 10(1): 74-91.

⑥ Hart O D, Holmström B. The theory of contracts[M]//Bewley T F. Advances in Economic Theory: Fifth World Congress. Cambridge: Cambridge University Press, 1987, 71: 155.

⑦ 聂辉华. 契约理论的起源、发展和分歧[J]. 经济社会体制比较, 2017, (1): 1-13.

特定权利与剩余权利，后者又包括剩余控制权与剩余索取权。剩余控制权是指可以按任何不与先前的合同、惯例或法律依据相违背的方式决定资产所有的用法的权利，剩余索取权是指合同中未能规定分配方式的那部分盈余的归属。在不完全契约中，重要的是对剩余权利，尤其是剩余索取权的界定与分配。哈特与霍姆斯特罗姆凭借对契约理论的贡献共享了 2016 年诺贝尔经济学奖。

在科技成果转化的现实环境中，阻挠各方确定契约内容的因素不仅在于不对称信息，更在于各方对契约实施将遭遇的各类问题的未知。例如，为实现科技成果转化，从试验（包括小试、中试、放大）、开发、应用、推广直至形成新技术、新工艺、新材料、新产品、发展新产业等一系列活动几乎全部依赖不同类型市场经济主体间的各类契约来完成，其中委托代理类型契约占有相当大比例。在这些契约洽谈过程中，没有任何一方可以全盘了解在谈契约将来实施过程中会遭遇的问题。可以说，涉及科技成果转化的所有契约本质上都是一种不完全契约。因而，如何通过契约设计规避转移转移活动中缔约与履约过程中的道德风险、敲竹杠（hold up）和承诺（commitment）等问题，可以从契约理论中寻找理论支持。

4. 交易机制的设计

由于以专利为代表的新技术作为科技成果转化的客体是全文本性的，而其在产业中的转化投资是真金白银的，转化收益预期又是高度不确定的，在经济行为各方利益不同、存在隐藏不利真实信息的动机的前提下，技术交易市场很可能演变为"柠檬市场"（market for "lemons"），激发行为人的逆向选择行为，降低技术交易市场的效率。这一问题的解决属于机制设计（mechanism design）理论的范畴。

受哈耶克"组织是信息交流系统"（communication system）观点的启发，里奥尼德·赫维茨（Leonid Hurwicz）在其 20 世纪 60 年代的信息经济理论的研究中提出信息交流系统是一种机制（mechanism）的观点。他在 1960 年发表《资源分配过程中的最优化与信息效率》[①]，分析认为经济系统是一个信息交流系统，在这个系统内，所有参与者不断交流可能包含个体私有信息的真假信号，这些或真或假的信息最终都将决定均衡结果。但是在信息分散的个人经济环境里，不存在一个有效率的机制让人有动力显示他的真正信息。所以，若将博弈经济学的分析逆向推演，从希望得到的均衡结果出发，就可以通过一系列规则安排来改变参与者的选择，促使其披露对组织必要的私人信息，并将组织目标转化为个人行动目标。在该文中，赫维茨定义了激励相容（incentive compatibility，IC）概念，其含义是，

---

① Hurwicz L. Optimality and Informational Efficiency in Resource Allocation Processes[M]. Stanford: Stanford University Press, 1960.

在给定机制下,如果诚实地披露自己拥有的私人信息对参与者而言是一种占优策略,那么这个机制就是激励相容的。在这种机制下,即使每个参与者按照自利原则来制定个人目标和行事,其客观效果也能达到设计者所要实现的社会目标。赫维茨的研究奠定了机制设计理论的基础,并在 2007 年获得诺贝尔经济学奖。

因机制设计理论研究而与赫维茨共享当年诺奖的还有埃里克·马斯金(Eric Maskin)与罗杰·迈尔森(Roger Myerson)。马斯金在 1999 年完成了论文《纳什均衡与福利最优化》[①],迈尔森 1981 年完成了论文《最优拍卖设计》[②],两篇文章分别展示了二人在机制设计理论领域的开创性成果,引领了该领域研究的发展。迈尔森在其上述论文中提出了显示原理(revelation principle),认为要缩小机制控制要素的范围,从中筛选最关键问题的最关键制约因素,使机制设计简单并保有清晰的路径,提高机制运行效率。通过对具有不同信息的理性主体间沟通影响的分析,迈尔森认为在给定的可行性拍卖中,会存在一种等效可行的直接显示机制使得拍卖双方都有相同的预期效用。迈尔森把在激励相容的约束条件下设计最优机制这一复杂问题简化成一个较简单的数学问题,对应一组直接显示参与者私人信息的特殊机制。马斯金最突出的贡献是将博弈论引入机制设计,此前的机制设计主要是从中央计划者(central planner)的角度考虑问题。但在机制设计实践中往往难以确定谁是中央计划者,最后导致机制无法运行。马斯金认为可以通过设计一个机制,让人们为了自己的利益进行选择,让机制引导人们的选择行为,这实际是不合作的成员之间的非合作博弈问题。在其上述论文中,马斯金研究了一个机制下的所有纳什均衡实施的充分和必要条件,构成实施理论。

机制设计理论已经成为 20 世纪后期微观经济学领域发展最快的一个分支[③]。该理论可以简洁表述为,"对于任意给定的一个经济与社会目标,在个体理性、信息不完全、自由选择与分散决策的条件下,设计出一套机制,使得经济活动参与者的个人利益和机制设计者目标一致"。机制设计基础理论提供的是高度抽象和一般化的基本分析框架,能够应用于研究各类不同机制如何影响参与人之间的行为互动及最终配置结果,因而具有广泛的适用范围,能够被广泛应用于社会、政治、经济、法律领域,研究对象大到整个社会的政治经济制度的一般均衡设计,小到某项具体的社会经济活动的局部管理。然而,机制设计理论基于理性人假设,因而在社会应用实践层面需要严格限制条件。目前,国际机制设计研究的热点内

① Maskin E. Nash equilibrium and welfare optimality[J]. The Review of Economic Studies, 1999, 66(1): 23-38.

② Myerson R B. Optimal auction design[J]. Mathematics of Operations Research, 1981, 6(1): 58-73.

③ 郭其友, 李宝良. 机制设计理论: 资源最优配置机制性质的解释与应用: 2007 年度诺贝尔经济学奖得主的主要经济学理论贡献述评[J]. 外国经济与管理, 2007, 29(11): 1-8.

容总体分为三个方面：匹配市场设计、拍卖市场设计和机制设计实证实验[①]，前两者在科技成果转化、技术交易体系中都有广泛应用。

机制设计理论的研究目前主要集中于数学模型，但该理论提供的关于在自由选择、自愿交换、信息不完全及决策分散化的条件下，通过设计一套机制、游戏规则或制度来达到既定目标，并且能够比较和判断一个机制的优劣性的思想[②]，能够启发在科技成果转化信息服务系统构建中通过规则设计增进系统效率的思路。

2.3.5　科技成果转化与政府职能

科斯开创的交易成本研究在宏观层面将经济与制度联系起来，启发了经济史学家的新研究范式。受科斯理论的启发，道格拉斯·诺思（Douglass North）将产权与经济关系作为理解社会制度及其演变的关键性联结点，开启了将制度因素纳入经济史分析的研究。诺思从美国与欧洲经济成长过程中观察到，"界定与保护产权以及实施合约都需要耗费资源，制度与所用技术一起决定交易费用"[③]，因而将交易成本作为分析对象用于经济史研究，考察了关系到经济整体表现的交易成本。

基于对社会交易成本的变化的研究，诺思点明坚持自由主义信念的经济学家所相信的"一旦'有效率'的产权和法制就位，经济就会运行良好而无须进一步调整"是一种错觉，他认为"随着时间的推移，维持市场效率的条件也将随着技术、人力资本、市场状况和信息成本的变化而变化。……交易成本在每种情形下都会发生变化；为了降低交易成本，就必须有一个制度结构为参与人提供在那些边际上竞争的激励，并且提供对社会而言具有生产性的那些边际本身。典型的，这就需要一套正式约束（通常是法律、规则和管制的混合）和非正式约束，以产生意愿的结果"[④]。劳动分工与专业化导致了现代经济特殊的交易成本，"知识协调需要有比价格体系更复杂的体系来保证知识在解决人类问题时的有效性。这就意味着当经济变得越来越复杂时，制度结构在分散知识的整合程度和解决问题方面起关键作用。……知识整合的成败是经济发展的核心问题"[⑤]。诺思总结称，科斯定理第二则可以进一步理解为当交易成本大于零时，制度会塑造市场结构。诺思因"建立了包括产权理论、国家理论和意识形态理论在内的制度变迁理论"在

---

① 魏鲁彬. 国际机制设计研究动态：基于 WOS(2005—2016)数据库的文献分析[J]. 经济学动态, 2017, (9): 148-160.

② 田国强. 经济机制理论：信息效率与激励机制设计[J]. 经济学（季刊）, 2003, 2(2): 2-39.

③ 诺思 D C. 制度、制度变迁与经济绩效[M]. 杭行, 译. 上海: 格致出版社, 2014: 74.

④ 诺思 D C. 理解经济变迁过程[M]. 钟正生, 邢华, 等译. 北京: 中国人民大学出版社, 2007: 109.

⑤ 诺思 D C. 理解经济变迁过程[M]. 钟正生, 邢华, 等译. 北京: 中国人民大学出版社, 2007: 67.

1993 年被授予诺贝尔经济学奖。

作为新制度经济学的集大成者，诺思的观点对于思考政府在科技成果转化系统建设中的职能颇具启发。诺思认为"制度提供人类在其中相互影响的框架，使协作和竞争的关系得以确定，从而构成一个社会特别是构成了一种经济秩序"[①]。从这个角度出发，如果在宏观层面将科技成果转化作为一个科学、技术、产业、商业之间的共同的经济秩序来理解，那么它需要一种作为框架的经济制度（economic institution），指需要"为约束在谋求财富或本人效用最大化中的个人行为而制定的一组规章、依循程序和道德行为准则"[①]。在这些制度的制定与运行中，政府需要发挥不可或缺的作用，包括规划颁布正式约束，倡导引导非正式约束，由此参与科技成果转化经济秩序的构建。如果在微观层面将科技成果转化作为一类特定市场类型来理解，那么，根据诺思"关键问题是认识到有效的市场需要低的构建市场的交易成本"的观点，政府应该注意到，自身首要使命不在于打造硬环境，而在于发挥政府职能培育维护健康且有效率的软环境——引导降低科技成果转化中的各类交易成本。同时，根据诺思关于"不同类型的市场交易成本不同，同一市场在不同时期也有不同的成本。要实现必要的变迁，我们就会面临路径依赖施加的困境"[①]的思想，政府也应注重对科技成果转化市场充满高度不确定性这一特征的充分理解，分析、确认该市场中特定的交易成本构成，制定针对性政策措施以降低交易成本，防止因"路径依赖"而直接移植以往市场培育成功经验的做法，避免使财政投入陷于低效率状态。

2.4　本章小结

科技成果转化有自行转化、转让、许可使用、与他人共同实施转化、作价入股五种主要的转化方式，不同的转化方式各有其优劣点，要考虑多方面的因素来选择合适的成果转化方式，不同的转化方式对应了不同的供需主体。

科技成果转化既可以从供给侧推动，也可以从需求侧拉动，从而形成两种并行不悖的工作方式，更有效率的方式是促进科技成果转化的双向贯通。从另一视角来看，科技成果转化还有纵向和横向的表现面貌："纵向"主要指科技成果从实验室到小试中试熟化到产品再到市场的发展轨迹，侧重于时间变化；"横向"主要指同类创新主体间、不同地区间科技成果的迁移，侧重于空间变化。

科技成果转化基于不同主体的驱动模式各有其特点：政府驱动的，一般由政府带头规划布局，发挥其统筹规划能力和监管能力，主动调动其他主体开展科技成果转化；产业驱动的，企业承担主体作用，根据企业发展要求和市场发展趋势，

---

① 诺思 D C. 经济史上的结构与变革[M]. 厉以平, 译. 北京: 商务印书馆, 2013: 227.

主动承接高校或科研机构的新技术，实现技术应用和产业化生产；科研驱动的，高校和科研机构作为技术源头，从内在驱动科技成果转化，主动争取实现社会价值和经济价值；服务驱动的，以科技服务机构为主体，搭建信息平台，提供资金支持和中介服务，为各主体建立沟通和交易的桥梁。

科技成果转化过程中的信息流存在于政、产、研、服四大主体合作和交流的各个环节，信息要素主要包括技术需求信息、技术成果信息和政策信息等，集成信息流运行模式是相对成熟的信息流模式。科技成果转化过程中的信息运行规律有不守恒规律、选择规律、梯度转移规律、衰减规律和整体效应规律。

科技成果转化的信息流，根据信源、信道、信宿的不同可大致分为科研导向型、市场导向型、政府导向型三类，但信息流转轨迹多有重合，主要依托于技术研发、技术交易、技术中试、技术扩散与应用四个环节的互动，这四个环节中信息的相互衔接与转换形成信息流动。

科技成果转化是大众创业万众创新的重要方式和路径选择，在双创背景下，科技成果转化具有普惠性、分散性、差异性、层次性、多元化、小微化、个性化、碎片化的特征，不同特征对应了科技成果转化的不同需求，需要厘清相关需求和特征，才能更有针对性地实现高效的科技成果转化。

本章最后探讨了部分重要经济学理论或观点对科技成果转化工作的启示，介绍了哈耶克、奈特、熊彼特、索洛、罗默、科斯等学者的经济学理论，然后根据这些经济学理论观点提供的分析思路，从经济学视角对作为一种经济活动的科技成果转化加深认识。首先将现代社会经济系统视为一种以知识分散为背景的凭借大规模专业分工协作而相互连接的复杂系统，其次将科技成果转化工作置于该系统中，将其理解为一种通过多主体的共同行为使技术客体价值增益的价值链，最后依据经济学观点对价值链作分析与认识。

第3章 四螺旋模型及其创新协同度

科技成果转化涉及多个创新主体，需要加强协同创新方能提高效率，特别是在大众创业万众创新背景下，需要在更大规模、更高效率上推进科技成果转化，必然更需要加强相关主体间的协同创新。本章探讨政、产、研三螺旋模型的局限性，研究第四螺旋的界定问题，提出以包括技术转移、信息咨询、知识产权、科技金融等服务功能在内的科技服务机构为第四螺旋，将现有三螺旋模型扩展为政、产、研、服四螺旋模型，并且通过互信息测度的方法量化分析四螺旋相互间的创新协同度，论证科技服务机构加入螺旋结构的必要性和合理性。随后研讨科技成果转化信息服务系统在四螺旋中的定位和功能。

3.1 四螺旋协同创新模型的提出

3.1.1 三螺旋模型的局限性

三螺旋模型一方面与若干发达国家和发展中国家的情况都相适应，另一方面又为若干国家的创新发展提供了理论指导或参考。但是，随着科技与经济的不断发展、社会分工的不断细化，政府（政）、产业/企业（产）、高校与科研机构（研）已经不能完全代表所有的创新主体，三螺旋模型已逐渐不能圆满诠释政、产、研之外的创新主体在促进社会整体创新发展中的作用以及新兴创新主体与原有的政、产、研三大创新主体之间的互动关系。三螺旋模型的局限性至少可以从以下两个方面反映出来。

（1）主体缺位。信息、金融、中介等主体既未能在三螺旋模型中体现，又不能并入三螺旋中的任一支螺旋。通常被学界或媒体提到的"政产学研军金介用"等创新主体中，"军"与"政"的属性相近，可并入"政"；"学"因其在科技成果转化中主要发挥的是研究的功能故可与"研"并提；但是金融、中介、用户都不能再作归纳或合并，它们独立或基本独立于政、产、研之外，且发挥着不可忽视的作用。

（2）忽略或弱化了信息的功能，忽视了信息流在三螺旋模型中对横向循环、纵向进化的促进作用。在信息化和大数据的时代，数据信息的作用日益加大，其对于创新发展的影响也越来越大，信息的功能已经不是政、产、研各自麾下一个相对边缘的小部门可以负载和实现的了。而且，各创新主体之间的信息共享不足、数据挖掘不足、对接精准不足（如企业的技术需求信息、科研机构的科技成果信息，彼此信息不对称），需要一支相对独立的专业化、复合型的信息服务的力量，并且在现实中，已经存在这样的队伍且力量仍在逐渐增强。

实际上，2002 年在丹麦哥本哈根召开的第四次世界三螺旋大会上就提出了这样的问题：三螺旋是否可以扩展为四螺旋？[①]

3.1.2　如何界定"第四螺旋"

鉴于三螺旋模型的局限性，学者开始研究三螺旋之外的其他螺旋，甚至三螺旋模型的主要阐发者 Etzkowitz 也认为可以有第四螺旋，如风险投资[②]。然而，当前四螺旋相关研究并不多见。

现有研究中，提出了政-产-研-金、政-产-研-介、政-产-研-众等关于四螺旋构成的观点，均有其科学性和合理性，但从系统性以及可操作性与实践意义层面来看，仍存在或多或少的不足之处。如果只将资金和金融视为第四螺旋，那么还可以有第五螺旋、第六七八九螺旋等，不利于系统化的研究。如果将中介机构视为第四螺旋，容易受狭义概念限制，而在广义的概念上将金融机构、投资公司等纳入作为中介机构又容易引起歧义。将社会大众视为第四螺旋，虽然在理论上可行，但是范围过大，模糊了各螺旋本身的相对独立性和"四梁八柱"式的架构性，更倾向于环境性、生态性的研究角度了，并且，它减弱了四螺旋模型在实际应用上的可操作性。

鉴于上述情况，本书认为，将第四螺旋界定为科技服务机构更为恰当，理由如下。

首先，无论三螺旋、四螺旋，都是服务于协同创新的组织模式，而"科技创新是核心，抓住了科技创新就抓住了牵动我国发展全局的牛鼻子"[③]，《国家创新驱动发展战略纲要》开宗明义第一句话是："党的十八大提出实施创新驱动发展战略，强调科技创新是提高社会生产力和综合国力的战略支撑，必须摆在国家发

① Leydesdorff L, Etzkowitz H. Can "the public" be considered as a fourth helix in university-industry-government relations?[J]. Science and Public Policy, 2003, 30(1): 55-61.

② 埃茨科威兹 H. 国家创新模式: 大学、产业、政府"三螺旋"创新战略[M]. 周春彦, 译. 北京: 东方出版社, 2006: 236-237.

③ 为建设世界科技强国而奋斗: 在全国科技创新大会、两院院士大会、中国科协第九次全国代表大会上的讲话[EB/OL]. http://news.xinhuanet.com/politics/2016-05/31/c_1118965169.htm[2016-05-31].

展全局的核心位置"[1]，因此，第四螺旋应强调是为促进科技创新的科技服务机构，而不是一般性的、泛化的服务机构。

其次，根据《国务院关于加快科技服务业发展的若干意见》（国发〔2014〕49 号）[2]，科技服务业包括了研究开发及其服务、技术转移服务、检验检测认证服务、创业孵化服务、知识产权服务、科技咨询服务、科技金融服务、科学技术普及服务八大专业科技服务和综合科技服务。国家统计局 2018 年 12 月发布的《国家科技服务业统计分类（2018）》[3]将科技服务业范围确定为科学研究与试验发展服务、专业化技术服务、科技推广及相关服务、科技信息服务、科技金融服务、科技普及和宣传教育服务、综合科技服务等七大类。这两个文件中明确的科技服务既包括了前述涉及第四螺旋的"金""介"的核心内容和"众"中与媒体有关的内容，又包括了前述论及三螺旋模型缺乏的信息功能，较好地实现了既相对全面又具备明晰边界和相对独立性的范围概括。

综上，本书所指四螺旋模型中的第四螺旋是科技服务机构，包括信息情报机构、智库咨询机构、技术转移机构、金融投资机构、专业中介机构（如专利代理事务所、律师事务所、会计师事务所、资产评估机构等）、科学传播机构、平台建设机构等，是独立或相对独立于政府、产业/企业、高校与科研机构而发挥支撑、纽带、催化、优化作用的第四股力量。与产学研协同创新、三螺旋协同创新相比，四螺旋协同创新是更广泛更深入的协同创新。

3.1.3 四螺旋协同创新模型

本书提出了"政-产-研-服"四螺旋协同创新模型，以科技服务机构为第四螺旋。在化学中，催化剂能降低化学反应所需的活化能，降低化学反应难度，加快化学反应速度。而科技服务机构就是在三螺旋创新模型的基础上增加了催化螺旋，促进和加速创新的发生发展。后面再从量化分析的角度进行说明。

"政-产-研-服"四螺旋可以通过多种固定或不固定、正式或非正式的形式开展协同创新，形成互动密切、合作深入、优势互补、利益共享、效率提升的共同发展结构。四者之间既要建立诚信的关系，又要建立风险管理机制（如应对某项创新失败的预案），还要建立合理的收益分配机制（特别在产、研、服三方面）。

---

① 中共中央 国务院印发《国家创新驱动发展战略纲要》[EB/OL]. http://www.gov.cn/zhengce/2016-05/19/content_5074812.htm[2016-05-19].

② 国务院关于加快科技服务业发展的若干意见[EB/OL]. http://www.gov.cn/zhengce/content/2014-10/28/content_9173.htm[2016-05-19].

③ 关于印发《国家科技服务业统计分类（2018）》的通知[EB/OL].https://www.gov.cn/zhengce/zhengceku/2019-09/14/content_5433017.htm[2018-12-14].

3.2　基于互信息的四螺旋创新协同度研究

本节基于互信息理论，对 3.1 节中提出"政-产-研-服"四螺旋协同创新模型中各螺旋主体的创新协同度开展量化测度，以验证其合理性及有效性。

3.2.1　基于互信息的四螺旋量化分析方法

1. 三螺旋模型量化分析方法

Leydesdorff 于 2000 年在里约热内卢三螺旋第三届国际会议上首次运用基于信息论、针对互信息测度的三螺旋算法（triple helix algorithm）计算政产研之间的协同度，具体计算的数值可以取任何能有效区分政产研含义的可比数据，如论文、专利等[①]。随后，国内外学者开始运用此算法分析各国各地区的政产研三螺旋关系，虽然专利和论文并不足以反映创新产出，但是仍可以在一定程度上代表创新产出，而且很难再找到能够反映全部成果产出的指标和规范数据库[②]。庄涛和吴洪[③]运用三螺旋理论对 2002～2011 年中国发明专利申请数据进行分析，认为我国企业与大学间合作程度较深，政府参与度不高。叶柏青等[④]针对 2009～2013 年我国发明与实用新型专利数据，运用三螺旋算法计算了政产研三者的合作关系。胡春等[⑤]以 SCI-E（Science Citation Index Expanded，科学引文索引扩展）数据库收录的我国学者发表的通信行业论文作为测量指标，运用三螺旋算法分析后认为我国通信业以大学-政府的合作模式为主导。陈强和刘笑[⑥]基于论文数据应用三螺旋算法对上海与东京在协同创新中的关联紧密度进行了测定。李培凤[⑦]根据 1998～2013 年 SCI 数据库收录的我国论文的作者机构信息，采用三螺旋算法进行分析后认为，十六年来大学、产业、政府间的协同性、网络结构性呈长期弱化趋势。Leydesdorff 和 Zhou[⑧]利用企业数据，

---

① 叶鹰, 鲁特·莱兹多夫, 武夷山. 三螺旋模型及其量化分析方法研讨[J]. 中国软科学, 2014, (11): 131-139.

② Leydesdorff L. The mutual information of university-industry-government relations: an indicator of the triple helix dynamics[J]. Scientometrics, 2003, 58(2): 445-467.

③ 庄涛, 吴洪. 基于专利数据的我国官产学研三螺旋测度研究: 兼论政府在产学研合作中的作用[J]. 管理世界, 2013(8): 175-176.

④ 叶柏青, 贾雪, 黄金鑫. 我国官产学三螺旋关系测度研究[J]. 商业研究, 2014, (10): 44-49.

⑤ 胡春, 高玉琨, 吴洪. 基于 SCI-E 的通信信息业官产学创新合作关系研究[J]. 北京邮电大学学报（社会科学版）, 2014, 16(1): 65-72.

⑥ 陈强, 刘笑. 城市三螺旋创新体系测度: 基于上海和东京的对比研究[J]. 中国科技论坛, 2015, (9): 17-23.

⑦ 李培凤. 我国大学、产业、政府三螺旋效果分析及政策建议[J]. 科学学与科学技术管理, 2014, (12): 3-9.

⑧ Leydesdorff L, Zhou P. Measuring the knowledge-based economy of China in terms of synergy among technological, organizational, and geographic attributes of firms[J]. Scientometrics, 2014, 98(3): 1703-1719.

计算我国各省区市的创新能力。Leydesdorff 等还用相同的方法计算了俄罗斯[①]、瑞典[②]、挪威[③]等国不同区域的创新能力。Yoon 和 Park[④]基于从韩国知识产权信息服务（Korea intellectual property rights information service，KIPRIS）数据库中获取的授权发明专利数据，利用社会网络分析方法量化研究了大学、产业、政府三螺旋之间的联合发明人网络结构。Yi 和 Jun[⑤]通过分析 1973～2014 年的共同作者网络来评估德国创新体系的多个方面。Park 等[⑥]基于网络测量、文献计量、技术测量三个指标运用三螺旋算法对荷兰和韩国的国家创新系统进行了比较。

学者还从不同视角开展理论研究与案例分析，不断拓展和深化三螺旋协同创新模型的量化测度方法，例如，社会网络分析指标[⑦]、基于向量空间模型的指标[⑧]、ψ 系数和偏相关系数[⑨]等。有学者提出，社会网络分析、向量空间模型、ψ 系数、偏相关系数等都是以政产研合作比率作为计量基础，因而都是基于合作相似度，其计量原理具有相似性；互信息则是某随机变量中包含的另一个随机变量的信息量，即某随机变量因另一个已知随机变量而减少的不确定性，是从另一个角度表达的相关性（或协同性）关系；因此，可将现有三螺旋计量指标分为两类——基于互信息的三螺旋计量指标、基于合作相似度的三螺旋计量指标[⑩]。

笔者认为，三螺旋系统中不同主体的协同与合作，带来不同视角的信息与资

① Leydesdorff L, Perevodchikov E, Uvarov A. Measuring triple-helix synergy in the Russian innovation systems at regional, provincial, and national levels[J]. Journal of the Association for Information Science and Technology, 2015, 66(6): 1229-1238.

② Leydesdorff L, Strand Ø. The Swedish system of innovation: regional synergies in a knowledge-based economy[J]. Journal of the American Society for Information Science and Technology, 2013, 64(9): 1890-1902.

③ Strand Ø, Leydesdorff L. Where is synergy indicated in the Norwegian innovation system? Triple-helix relations among technology, organization, and geography[J]. Technological Forecasting and Social Change, 2013, 80(3): 471-484.

④ Yoon J, Park H W. Triple helix dynamics of South Korea's innovation system: a network analysis of inter-regional technological collaborations[J]. Quality & Quantity, 2017, 51(3): 989-1007.

⑤ Yi S K, Jun B G. Has the German reunification strengthened Germany's national innovation system? Triple helix dynamics of Germany's innovation system[J]. Knowledge Management Research & Practice, 2018, 16(1): 1-12.

⑥ Park H W, Hong H D, Leydesdorff L. A comparison of the knowledge-based innovation systems in the economies of South Korea and the Netherlands using triple helix indicators[J]. Scientometrics, 2005, 65(1): 3-27.

⑦ Swar B, Khan G F. An analysis of the information technology outsourcing domain: a social network and triple helix approach[J]. Journal of the American Society for Information Science and Technology, 2013, 64(11): 2366-2378.

⑧ Priego J L O. A vector space model as a methodological approach to the triple helix dimensionality: a comparative study of biology and biomedicine centers of two European national research council from a webometric view[J]. Scientometrics, 2003, 58(2): 429-443.

⑨ Sun Y, Negishi M. Measuring the relationships among university, industry and other sectors in Japan's national innovation system: a comparison of new approaches with mutual information indicators[J]. Scientometrics, 2010, 82(3): 677-685.

⑩ 许海云, 齐燕, 岳增慧, 等. 三螺旋模型在协同创新管理中的计量方法和应用研究[J]. 情报学报, 2015, 34(3): 236-246.

源的交叠、碰撞与融合，激发了三螺旋系统的创新潜能，这正是信息熵理论关于不确定性的体现，符合 Leydesdorff 认为三螺旋互信息算法中的"信息冗余"能够变不可能为可能的观点[1]。因此，笔者认为，就研究螺旋系统的协同机制与效应而言，三螺旋算法具有独到之处。

三螺旋模型的互信息测度，可应用 Shannon 的信息熵来计量。根据 Shannon 的信息论，信息熵（entropy）是离散随机事件的出现概率，熵越大，代表事件的不确定性越大。Shannon[2]将此概率分布定义为

$$E_x = -\sum_x P_x \log(P_x) \tag{3-1}$$

在二维变量下，信息熵 E 则为

$$E_{xy} = -\sum_x \sum_y P_{xy} \log(P_{xy}) \tag{3-2}$$

其中，P_{xy} 为事件 x 与事件 y 的联合概率分布。

Abramson[3]借助子系统变量的互信息测度来计算两个子系统之间的不确定性的转接度（transmission），也即协同度（synergy）：

$$T_{xy} = E_x + E_y - E_{xy} \tag{3-3}$$

对于相互作用的三个子系统，Abramson 将其互信息转接度定义为

$$T_{xyz} = E_x + E_y + E_z - E_{xy} - E_{xz} - E_{yz} + E_{xyz} \tag{3-4}$$

学者将上述三维子系统的互信息转接度计算方法（式3-4），应用到"政-产-研"创新体系，结合具体分析案例开展了三螺旋关系研究[4][5]。

2. 基于互信息的四螺旋创新协同度计量指标设计

基于互信息测度理论及三螺旋算法在三螺旋系统协同度方面的理论与应用研

---

① Leydesdorff L. Synergy in knowledge-based innovation systems at national and regional levels: the triple-helix model and the fourth industrial revolution[J]. Journal of Open Innovation: Technology, Market and Complexity, 2018, 4(2): 16.

② Shannon C E. A mathematical theory of communication[J]. The Bell System Technical Journal, 1948, 27(3): 379-423.

③ Abramson N. Information Theory and Coding[M]. New York: McGraw-Hill, 1963.

④ 叶鹰, 鲁特·莱兹多夫, 武夷山. 三螺旋模型及其量化分析方法研讨[J]. 中国软科学, 2014, (11): 131-139.

⑤ 许海云, 齐燕, 岳增慧, 等. 三螺旋模型在协同创新管理中的计量方法和应用研究[J]. 情报学报, 2015, 34(3): 236-246.

究基础，本书将其应用于四螺旋系统的创新协同度计量，设计构建本书的四螺旋创新协同度计量指标。

根据熵的链式法则，有

$$E(x_1, x_2, \cdots, x_n) = \sum_{i=1}^{n} E(x_i \big| x_{i-1}, x_{i-2}, \cdots, x_1)$$

根据互信息的链式法则，有

$$T(x_1, x_2, \cdots, x_n; y) = E(x_1, x_2, \cdots, x_n) - E(x_1, x_2, \cdots, x_n \mid y)$$

则具体到"政-产-研-服"四螺旋创新系统，其协同度 T_{gias} 可定义为

$$\begin{aligned} T_{\text{gias}} = &E_g + E_i + E_a + E_s - E_{gi} - E_{ga} - E_{gs} - E_{ia} - E_{is} - E_{as} + E_{gia} \\ &+ E_{gis} + E_{gas} + E_{ias} - E_{gias} \end{aligned} \qquad (3-5)$$

其中，下标中 g 为"政"；i 为"产"；a 为"研"；s 为"服"；gi 为"政-产"；ga 为"产-研"；gs 为"政-服"；ia 为"产-研"；is 为"产-服"；as 为"研-服"；gia 为"政-产-研"；gis 为"政-产-服"；gas 为"政-研-服"；ias 为"产-研-服"；gias 为"政-产-研-服"。式（3-5）可测度基于四螺旋模型的创新协同度。

T_{gias} 可作为量化四螺旋的有效指标，本质上是通过互信息来测度政府、产业/企业、高校与科研机构、科技服务机构之间的交互作用的不确定性，以此反映四类主体之间的协同与合作程度。T_{gias} 为正向指标，T_{gias} 值越大，表明四螺旋系统中四类主体的创新协同度越强。

3.2.2　基于互信息的四螺旋创新体系协同度测度

1. 数据来源与采集规则

理论上，凡是能够有效区分政、产、研、服四类主体的创新产出含义的可比数据，都可作为四螺旋互信息测度的分析数据对象，如论文产出、专利申请、技术合同、合作项目等。但由于数据的规范性、可获得性原因，论文、专利仍然是当前大多数相关研究主要采用的数据来源。此外，四螺旋创新体系中，政府部门往往是以提供基金项目等研究资助的形式参与其间，并非体现为成果的直接产出者，而现阶段的专利数据尚缺乏相关的政府资助信息，论文数据的相关资助信息则相对完备。因此，尽管科研论文对创新产出的表征意义并不全面，但为了保障互信息测度研究实施的可操作性，本书采用论文数据作为协同度指标计量数据。

由于本书是针对国内四螺旋创新系统开展研究，因此，选用中国知网作为分

析数据来源。中国知网由清华大学、同方股份有限公司发起，始建于 1999 年，全文信息量规模号称全球最大[①]，包含了学术期刊、硕博士论文、会议论文、报纸、年鉴、专利、标准、成果、图书、古籍、法律法规、政府文件、科技报告等多种文献资源。中国知网的中文学术期刊、会议论文数据提供了规范详细的基金（项目、计划）资助信息。本书以政、产、研、服四类主体的论文产出数据，作为四螺旋模型创新协同度测度的基础数据，开展相关分析。

数据检索源：中国知网。

数据类型：学术期刊、会议论文。

时间范围：论文发表日期为 2003 年 1 月 1 日至 2022 年 12 月 31 日。

学科领域：基础科学、工程、农业、医药卫生、信息科技、经济与管理。

检索策略：详见附录。

数据抽取规则：如表 3-1 所示。

表 3-1　政、产、研、服创新协同度测度变量及数据抽取规则

序号	测度变量	含义	数据抽取规则
#1	A	科研机构（高校）的独立论文产出	作者机构中仅包含科研机构（高校）类，不包含其他类型主体，且未受到政府资助的论文产出量
#2	I	产业机构的独立论文产出	作者机构中仅包含产业机构类，不包含其他类型主体，且未受到政府资助的论文产出量
#3	S	科技服务机构的独立论文产出	作者机构中仅包含科技服务机构类，不包含其他类型主体，且未受到政府资助的论文产出量
#4	G	政府资助的非产研服的论文产出	受到政府资助，作者机构中不包含产业机构、科研机构（高校）、科技服务等类型主体的论文产出量
#5	IA	仅科研机构（高校）与产业机构的合作论文产出	作者机构中包含科研机构（高校）、产业机构，不包含其他类型主体，且未受到政府资助的论文产出量
#6	AS	仅科研机构（高校）与科技服务机构的合作论文产出	作者机构中包含科研机构（高校）、科技服务机构，不包含其他类型主体，且未受到政府资助的论文产出量
#7	IS	仅产业机构与科技服务机构的合作论文产出	作者机构中包含产业机构、科技服务机构，不包含其他类型主体，且未受到政府资助的论文产出量
#8	GA	仅科研机构（高校）受政府资助的论文产出	作者机构中仅包含科研机构（高校），不包含其他类型主体，受到政府资助的论文产出量
#9	GI	仅产业机构受政府资助的论文产出	作者机构中仅包含产业机构，不包含其他类型主体，受到政府资助的论文产出量
#10	GS	仅科技服务机构受政府资助的论文产出	作者机构中仅包含科技服务机构，不包含其他类型主体，受到政府资助的论文产出量

---

① CNKI 工程[EB/OL]. http://www.cnki.net/gycnki/gycnki.htm[2017-05-16].

序号	测度变量	含义	数据抽取规则
#11	IAS	仅科研机构（高校）、产业机构与科技服务机构的合作论文产出	作者机构中包含科研机构（高校）、产业机构、科技服务机构，未受到政府资助的论文产出量
#12	GIA	仅科研机构（高校）与产业机构受政府资助的合作论文产出	作者机构中包含科研机构（高校）、产业机构，不包含其他类型主体，受到政府资助的论文产出量
#13	GAS	仅科研机构（高校）与科技服务机构受政府资助的合作论文产出	作者机构中包含科研机构（高校）、科技服务机构，不包含其他类型主体，受到政府资助的论文产出量
#14	GIS	仅产业机构与科技服务机构受政府资助的合作论文产出	作者机构中包含产业机构、科技服务机构，不包含其他类型主体，受到政府资助的论文产出量
#15	GIAS	科研机构（高校）、产业机构与科技服务机构受政府资助的合作论文产出	作者机构中包含科研机构（高校）、产业机构、科技服务机构，且受到政府资助的论文产出量

2. 四螺旋主体论文产出特征比较

经检索，得到政、产、研、服四类创新主体的独立、相互合作的论文产出量，如表 3-2 所示。综合比较产出数量基本形态，主要特点如下。

1）科研机构（高校）是论文产出的绝对主体

论文产出的绝对数量显示出，科研机构（高校）论文产出是我国四类创新主体论文产出的主要来源，在四类创新主体独立论文产出总量中，科研机构（高校）的独立论文产出量占 63.5%，是产业机构独立论文产出量的 2.3 倍，是科技服务机构独立论文产出量的 15 倍。

2）科研机构（高校）与其他主体的合作大幅提升

图 3-1 是四螺旋创新主体的独立论文产出趋势。图 3-1 反映出，尽管科研机构（高校）的独立论文产出总量占据绝对优势，但自 2009 年开始，科研机构（高校）独立论文产出呈现明显的下降趋势。另外，科研机构（高校）与其他创新主体的合作论文产出呈现上升趋势（图 3-2），其中，科研机构（高校）受政府资助、科研机构（高校）与产业的合作论文产出在 2003～2013 年保持高速增长，在 2014～2022 年趋于平稳。相对而言，科研机构（高校）与科技服务机构的合作论文产出在整体上呈现上升趋势，但上升趋势并不明显。

表 3-2 政产研服四螺旋主体论文产出量

单位：篇

主体	2003年	2004年	2005年	2006年	2007年	2008年	2009年	2010年	2011年	2012年	2013年	2014年	2015年	2016年	2017年	2018年	2019年	2020年	2021年	2022年	合计
A	360 830	387 973	432 145	485 899	511 477	514 272	519 685	484 156	467 633	441 706	432 565	424 661	435 000	430 933	389 684	391 100	381 715	322 084	272 326	225 606	8 311 450
I	95 325	101 332	104 653	112 667	123 514	139 217	165 110	175 363	190 080	204 555	229 574	235 871	226 032	221 766	238 644	245 803	249 292	218 810	190 122	165 284	3 633 014
S	19 590	20 705	21 857	24 580	26 402	28 647	29 472	30 139	31 929	33 118	33 557	33 415	33 365	33 744	32 486	29 998	27 205	24 658	21 071	17 409	553 347
G	5 621	6 718	8 022	9 784	11 180	13 306	15 877	18 366	21 436	24 910	30 346	36 379	41 574	44 004	45 879	46 617	51 231	52 547	52 777	49 717	586 291
IA	25 245	27 750	30 811	34 336	37 371	40 283	42 936	44 435	44 582	48 562	50 968	50 144	49 896	47 591	47 481	47 574	48 881	46 413	45 636	43 121	854 016
AS	5 492	6 043	7 333	8 033	8 977	9 675	10 336	10 322	10 338	10 488	10 613	10 859	11 056	11 709	11 794	11 428	10 920	10 434	9 468	8 627	193 945
IS	3 656	4 040	4 685	5 574	7 055	8 284	9 807	10 238	10 991	12 148	13 372	13 754	13 096	13 821	16 170	18 148	20 032	18 561	16 336	14 551	234 319
GA	118 388	150 820	183 760	221 706	245 732	277 145	322 529	342 716	349 007	363 979	386 004	407 086	432 947	439 369	429 349	446 278	464 404	461 160	461 718	452 480	6 956 577
GI	476	575	675	810	1 088	1 375	1 810	2 692	3 423	4 255	5 295	6 522	7 298	8 013	8 868	10 432	12 142	13 869	14 211	14 414	118 243
GS	272	330	472	624	810	1 068	1 346	1 531	1 913	2 134	2 502	2 843	3 205	3 194	3 049	3 017	2 921	2 985	3 161	3 272	40 649
IAS	805	930	1 133	1 477	1 773	1 924	2 363	2 428	2 305	2 588	2 727	2 719	2 696	2 763	3 040	3 320	3 701	3 880	3 962	4 094	50 628
GIA	4 546	5 939	7 528	9 758	11 601	14 102	17 559	20 738	23 538	26 693	30 129	34 811	37 191	37 689	40 066	43 462	48 559	52 344	56 699	60 671	583 623
GAS	1 204	1 614	2 238	3 023	3 749	4 889	6 194	6 967	7 486	8 096	9 104	11 827	14 954	17 497	18 412	18 722	19 495	19 501	20 053	20 360	215 385
GIS	15	29	42	42	89	94	150	201	247	336	442	509	514	630	676	749	952	1 299	1 409	1 402	9 827
GIAS	97	148	233	319	446	557	832	928	1 111	1 248	1 518	1 860	2 250	2 685	3 131	3 743	4 056	4 822	5 340	6 196	41 520

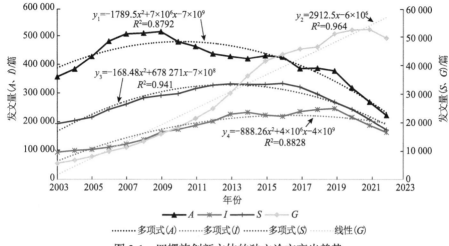

图 3-1　四螺旋创新主体的独立论文产出趋势

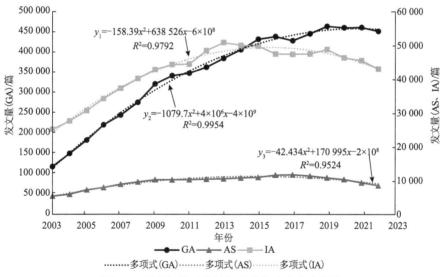

图 3-2　科研机构（高校）的合作论文产出趋势

3）政府资助在论文产出中起到明显的促进作用

图 3-1 反映出科研机构（高校）、产业机构、科技服务机构三类创新主体的
独立论文产出上升趋势并不明显甚至在近年呈现为负增长趋势。与此同时，政府
资助下各创新主体的论文产出以及各创新主体间的合作论文产出均呈现上升趋势
（图 3-3），这反映了政府资助在各类主体论文产出、合作论文产出中均发挥着积
极的促进作用。

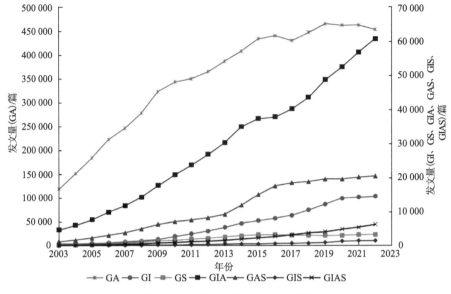

图 3-3　政府的合作论文产出趋势

4）科技服务机构在创新系统中活跃度提升

尽管科技服务机构的论文产出量相对较少，但从科技服务机构与其他创新主体的合作论文产出趋势可以看出，科技服务机构在四螺旋创新系统中的活跃度普遍呈现明显的上升趋势，如图 3-4 所示。

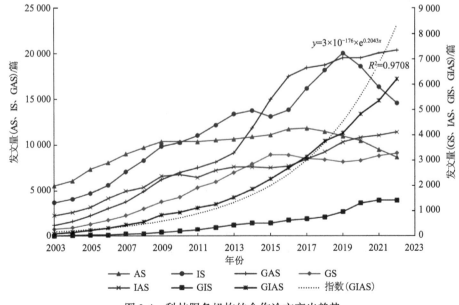

图 3-4　科技服务机构的合作论文产出趋势

　　整体来看，2003～2022 年科技服务机构与产业机构的合作（IS）论文产出大幅增长，"产–研–服"合作（IAS）也呈现增长趋势，而科技服务机构与科研机构（高校）的合作（AS）整体增长趋势则保持低迷，且呈现先上升后下降的趋势。两相对照，在一定程度上反映出：当前我国"产–研–服"合作（IAS）极有可能主要是由"产–服"合作（IS）带动的，科技服务机构在我国的科研机构（高校）、产业之间较好地发挥了媒介作用，为科技成果的产业化应用，发挥了一定的中介转化作用。

　　科技服务机构的政府资助合作论文产出（GS）增长较快，然而"政–产–服"的合作产出（GIS）增长则相对缓慢。对比 IS、GS、GIS，当前政府资助在科技服务机构与产业的合作中，并未发挥积极促进作用。相反，AS、GAS 对照显示出，政府资助在科技服务机构与科研机构（高校）的合作中，发挥了明显的正向促进作用。

　　此外，图 3-1 中显示产业机构的独立论文产出呈现先上升后下降趋势，而图 3-4 中科技服务机构与产业机构的合作论文产出在整体上呈现明显上升趋势，这表明科技服务机构与产业机构之间的合作对于论文产出具有积极的影响。

　　图 3-4 还显示，2003～2022 年来"政–产–研–服"四螺旋系统的合作论文产出（GIAS）一直保持着指数形态的增长趋势。这表明"政–产–研–服"的合作模式在推动论文产出方面具有良好的效果。

　　以上从四螺旋创新系统主体的产出数量出发，分析了四螺旋模型创新主体的一些合作特征。各类增长可拟合出不同函数形式的增长形态，但这仅仅是从外部数量形态反映出的合作行为表象特征以及可能的内部增长机制。要进一步探测创新系统内部的协同与合作机制，则需要基于系统内部互信息特征，进一步测度四螺旋系统的创新协同度。

3. 四螺旋系统的创新协同度测度

　　利用本章 3.2.1 节设计的四螺旋模型创新协同度测度指标 T_{gias}（式 3-5），计算"政–产–研–服"四螺旋创新系统的创新协同度。计算结果见表 3-3。

　　计算结果分析如下。

1）四螺旋系统的合作论文产出与创新协同度对比

　　将四螺旋系统的合作论文产出、创新协同度进行对比分析（图 3-5），可发现如下主要特点。

表 3-3 政产研服四螺旋创新系统的创新协同度

协同度	2003年	2004年	2005年	2006年	2007年	2008年	2009年	2010年	2011年	2012年	2013年	2014年	2015年	2016年	2017年	2018年	2019年	2020年	2021年	2022年	平均
T_{ia}	0.6920	0.6961	0.6844	0.6801	0.6886	0.7110	0.7426	0.7578	0.7752	0.7793	0.7913	0.7952	0.7859	0.7872	0.7969	0.7987	0.7925	0.7673	0.7321	0.6993	0.7477
T_{as}	0.5619	0.5683	0.5615	0.5660	0.5704	0.5845	0.5919	0.6021	0.6103	0.6146	0.6122	0.6076	0.6048	0.6024	0.5937	0.5847	0.5731	0.5577	0.5370	0.5109	0.5808
T_{is}	0.5199	0.5053	0.4805	0.4664	0.4629	0.4720	0.4797	0.4905	0.5053	0.5140	0.5212	0.5179	0.5056	0.4995	0.5051	0.4905	0.4741	0.4611	0.4436	0.4254	0.4870
T_{ga}	0.0769	0.0682	0.0618	0.0608	0.0667	0.0782	0.0881	0.1004	0.1137	0.1247	0.1369	0.1489	0.1581	0.1630	0.1648	0.1613	0.1655	0.1649	0.1606	0.1480	0.1206
T_{gi}	0.4609	0.4545	0.4402	0.4321	0.4366	0.4527	0.4735	0.4883	0.5079	0.5255	0.5481	0.5582	0.5534	0.5522	0.5724	0.5666	0.5689	0.5595	0.5494	0.5340	0.5117
T_{gs}	0.2088	0.2061	0.2011	0.2024	0.2039	0.2108	0.2099	0.2201	0.2329	0.2450	0.2540	0.2647	0.2715	0.2785	0.2845	0.2743	0.2741	0.2826	0.2823	0.2738	0.2441
T_{ias}	0.7565	0.7562	0.7340	0.7303	0.7320	0.7519	0.7767	0.7926	0.8112	0.8147	0.8224	0.8228	0.8145	0.8118	0.8101	0.8001	0.7830	0.7571	0.7221	0.6864	0.7743
T_{gia}	0.3449	0.3350	0.3187	0.3156	0.3271	0.3547	0.3910	0.4166	0.4493	0.4675	0.4950	0.5188	0.5200	0.5248	0.5461	0.5470	0.5540	0.5478	0.5378	0.5261	0.4519
T_{gas}	0.1841	0.1727	0.1586	0.1608	0.1666	0.1833	0.1919	0.2089	0.2270	0.2414	0.2532	0.2712	0.2872	0.2997	0.3036	0.2931	0.2922	0.2915	0.2859	0.2704	0.2372
T_{gis}	0.5677	0.5558	0.5326	0.5207	0.5179	0.5302	0.5408	0.5548	0.5740	0.5889	0.6047	0.6103	0.6051	0.6029	0.6121	0.5917	0.5805	0.5706	0.5563	0.5334	0.5675
T_{gias}	0.4201	0.4078	0.3830	0.3825	0.3888	0.4169	0.4485	0.4772	0.5099	0.5286	0.5524	0.5801	0.5897	0.5982	0.6109	0.5976	0.5959	0.5897	0.5813	0.5654	0.5112

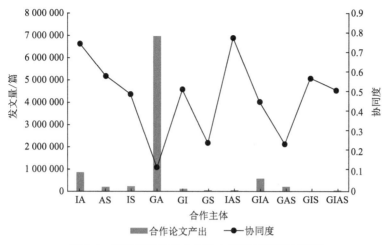

图 3-5 四螺旋系统的合作论文产出与创新协同度

（1）科研机构是政府资助接受主体，但"政-研"创新协同度最低。科研机构（高校）受政府资助论文产出数量是创新系统产出的绝对主体，然而"政-研"子系统的创新协同度，在各个创新子系统中却处于最低水平。多年来，政府资助向科研机构（高校）大幅倾斜，但是目前反映出来的低水平协同度，在一定程度上说明政府对科研机构（高校）的投入尚未发挥足够的效力，结合政府职能来看，应该加强投入之后的组织协调、监管评估与反馈机制。由图 3-5 可知，"政-研-服"子系统的创新协同度明显高于"政-研"子系统，故也可通过科技服务机构来提升科研机构（高校）与政府的协同度。

（2）"产-研-服"系统体现出螺旋融合机制。尽管合作论文产出数量较少，但"产-研-服"子系统的创新协同度表现是当前各子系统中的最高水平。并且，"产-研"子系统、"研-服"子系统、"产-服"子系统的创新协同度也都分别居于较高水平。可以认为，目前我国的产业、科研机构（高校）、科技服务机构创新合作机制已经达到了一定的协同与融合。科研机构（高校）创造知识与技术、产业生产财富，二者分别从技术供给、市场需求出发；科技服务机构则负责为技术寻找市场、市场寻找技术提供中介桥梁，促成创新成果在产业的转化应用。可以认为受内生需求驱动，当前我国"产-研-服"创新子系统已经体现出一定的螺旋型的协同发展机制。

（3）政府资助未能明显促进创新协同度，产业对协同度的促进作用明显。再看有政府角色参与的创新子系统，"政-研"子系统、"政-服"子系统的创新协同度都较低。但是，当有产业融入的情况下，政府合作系统的创新协同度都居于中上水平，这从图 3-5 中 GI、GIA、GIS、GIAS 子系统的表现即可看出。因而，政府资助对当前创新系统合作并未体现出明显的正向促进作用，产业的正向促进作用却比较明显。

2）科技服务机构有效发挥了螺旋作用

如图 3-6 对比显示，科技服务机构的参与普遍提升了其他各类创新主体组成的双螺旋系统的创新协同度，共同打造了更具创新效率的三螺旋系统。同理，如图 3-7 对比显示，以科技服务机构为第四螺旋构成的"政-产-研-服"四螺旋系统，有效提升了原"政-产-研"三螺旋系统的创新协同度。

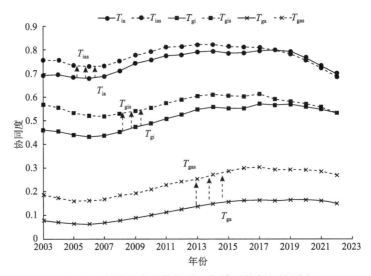

图 3-6　科技服务机构提升双螺旋系统创新协同度

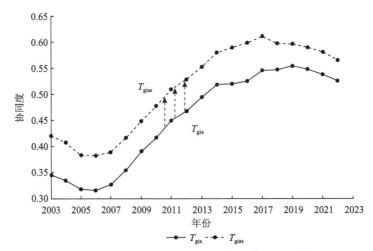

图 3-7　科技服务机构提升三螺旋系统创新协同度

综合可见,在四螺旋系统中,科技服务机构与其余三支螺旋都能够有效地融合与协同,在系统中发挥螺旋的催化作用,对促进系统的协同与合作,发挥了明显的正向作用。

3)四螺旋创新系统快速增长

图 3-8 显示了 2003~2022 年各个创新系统的协同度变化。

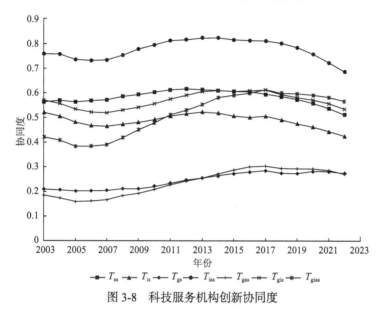

图 3-8　科技服务机构创新协同度

首先,四螺旋系统(T_{gias})的增长率最快,显示科技服务机构与"政-产-研"系统日益形成更为协同的创新体系,科技服务机构已经比较深入地融入国家创新体系中。

其次,各螺旋主体的创新协同度存在较大差异。当前,"产-研-服"系统的创新协同度(T_{ias})最高,科技服务机构已较好地融入产业界、科研界之间,在我国的科技研发创新(科研院所)和产业应用实施(公司企业)中发挥着重要的对接服务价值。另外,科技服务机构受政府资助(T_{gs})、科研机构(高校)与科技服务机构受政府资助(T_{gas})的协同度最低,显示我国科技服务机构在科研机构(高校)与政府之间尚未发挥明显的衔接作用。

究其原因,受政府资助的科研产出往往属于国家科技重点或是前沿项目,当前我国科技服务机构的能力可能还不能很好地服务于这类创新工作;同时,也可能是这些前沿项目产出缺少可比较性、产业化与市场成熟度还不高,因此,科技服务机构介入的难度较大,不易推动其实现产业对接与落地。综上,这些情况可能正是科技服务机构未来更好发挥螺旋催化作用所需要重点加强之处。

总而言之，四螺旋创新是个复杂问题，基于信息熵的合作创新是对协同创新的完美追求。基于该原理，四支螺旋必须均形成良性螺旋，四螺旋系统才可能达到较高的创新协同度。互信息测度结果反映了当前我国四螺旋创新中的优势和短板，必须坚持问题导向，有的放矢，才能更好地推动四螺旋创新协同度的提升。

对比当前四螺旋系统的创新绝对论文产出数量与互信息（图 3-9）：四螺旋论文产出保持指数增长趋势（$R^2=0.9708$），而互信息的增长趋势则相对平缓，在某些年份还表现出下滑。可见，当前我国四螺旋创新系统中的协同机制尚有不足。

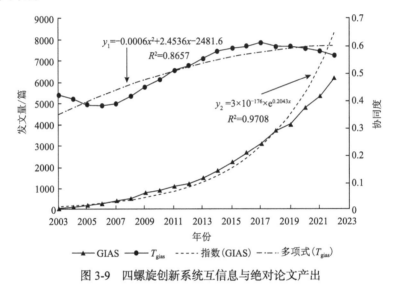

图 3-9　四螺旋创新系统互信息与绝对论文产出

基于互信息理论的四螺旋协同创新模型有其独特的测度机理，尤其是考虑了多方合作（双螺旋和三螺旋）中的信息冗余。这种信息冗余恰好体现了信息与资源整合的必要性，体现了各螺旋之间的互补融合，蕴藏着新的创新可能性，因此，其在计量原理上属于非线性计量，有自身的动力学机制。本节利用互信息理论的四螺旋系统创新协同度研究结果体现出：我国四螺旋创新发展迅速，科技服务机构与科研机构（高校）、产业的协同度已有较好发展，在科技创新与科技成果转化之间发挥着纽带和桥梁作用。作为第四支螺旋，科技服务机构在四螺旋创新系统中发挥了"催化"作用，促进了系统整体创新协同度的提升。但是总体而言，我国四螺旋创新系统的协同度增长水平，与创新系统的规模增长水平仍然不匹配，系统整体的创新效率仍有很大的提升空间，尤其是政府在四螺旋系统中的协同力还有进一步提升的空间。

3.3　科技成果转化信息服务在四螺旋中的定位与功能

3.3.1　四螺旋与科技成果转化信息服务系统的关系

四螺旋模型中,第四螺旋为科技服务业或科技服务机构,与政府、产业/企业、高校与科研机构共同组成四螺旋。如前所述,根据国务院和国家统计局对科技服务的界定,科技服务包含了技术转移服务、科技信息咨询服务。科技成果转化信息服务系统就是技术转移服务机构和科技信息咨询服务机构的交叉、合作或共建的部分。范畴关系大致如图 3-10 所示。

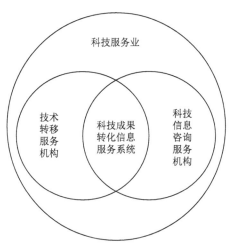

图 3-10　科技成果转化信息服务系统在第四螺旋中的关系

科技成果转化的高质量发展涉及四螺旋的全部创新主体。科技服务机构的服务对象包括四螺旋的其他三大创新主体——政、产、研,也包括科技服务机构自身范畴内不同类型的服务机构,如科技信息咨询机构可服务于科技金融机构,知识产权机构可服务于技术转移机构等。实际上,各类机构在业务上多有交叉与合作。

高水平的科技成果转化服务既需要围绕科技成果转化工作与政府、产业/企业、高校与科研机构的需求相结合,面向四螺旋各主体提供相应的服务,又需要调动四螺旋各主体参与科技成果转化的积极因素。技术转移服务机构,从功能上讲,包括技术组织、需求搜集、技术供需对接、信息发布、路演推介、信息分析与情报咨询、知识产权分析评议、联盟与协会的组织或参与、基金与风投机构的交流合作、科技成果评价、产品的检验检测、技术中试熟化与孵化的推动、共性技术与仪器设备共享平台的建设与运营等，内容较为宽泛，往往需要多家技术转移机构和相关科技服务机构来共同完成。其间涉及的协调、协同、合作方面的工作量大且具有一定难度，往往需要联盟或者平台的形式才更易组织。当然，在科技成果转化相关工作的规则日益清晰、规范日益明确的前提下（相关服务的国家标准、行业标准等有一定的作用），各机构之间的合作以及四螺旋间的交流会更加顺畅。

在技术转移服务机构中，科技信息咨询服务机构可以渗透、参与大多数的功能模块并在某些模块中发挥主导作用，而且在现实工作中，两类机构较易合作。科技成果转化通过信息服务能够更加高效地与四螺旋模型中的其他螺旋进行互动与交流。

3.3.2 第四螺旋中科技成果转化信息服务系统的功能作用

科技成果转化信息服务系统是围绕科技成果转化、以提高科技成果转化的质量与效率为目的的信息服务系统（信息服务系统的定义参见 1.2.3 节）。它包括机构与人员，包括数据资源、软件工具、硬件设施、专业知识等多种要素，包括基于互联网的线上服务系统和基于物理空间的线下服务系统。科技成果转化信息服务系统在第四螺旋科技服务机构中是一个子系统，为高质量促进科技成果转化，该系统需要与四螺旋的各创新主体都有互动。从服务对象的角度，该系统的功能作用主要表现如下。

（1）为政府提供科技成果转化相关的数据、信息、资料（如《中华人民共和国促进科技成果转化法》第十一条提出的科技报告制度和科技成果信息系统是由科技信息机构具体承担建设任务），供其组织发布或决策参考，甚至可以为政府部门提供基于数据和情报分析的决策参考建议，更进一步地，可以在政府的政策、规划、计划、方案、措施的制定过程中提供智库类咨询服务，如基于产业分析和技术分析，包括具体的科技成果转化方案和招才引智重点任务的区域产业发展规划。

（2）为企业尤其是具有一定技术承接能力的技术型企业提供其技术需求的辨识分析并在此基础上有针对性地搜集、提供相关的潜在可转移转化的备选新技术，从需求侧促进技术供需的对接；也可以相对宽泛地为企业提供前沿技术、热点技术的专题信息监测服务；并可以第三方身份客观、专业地为企业提供针对某科研机构或高校的科技成果评价，以降低企业潜在客户对专业技术的信息不对称程度；为企业提供专业化的专利技术情报分析、产业发展情报分析和技术路线规划设计等。

（3）为高校和科研机构提供经过遴选、整理、加工的企业技术需求信息并推荐潜在优质企业客户,方便科研人员抉择,同时宣传和推荐高校与科研机构的优秀科技成果给企业,或组织展会路演,从供给侧促进技术供需的对接;提供专利技术情报分析和知识产权分析评议等专业化服务,帮助高校和科研机构设计专利组合以提高科技成果转化的成功率与经济效益;还可以为高校和科研机构提供科技查新服务等。

（4）与其他科技服务机构多是合作关系,共同加强与科技成果转化相关的信息、咨询、传播、法务、财税等方面工作,也可为金融投资机构提供基于技术分析、科技成果转化意向的投资参考建议。

（5）为四螺旋不同创新主体间的协作可以提供合作模式分析、合作伙伴推荐、磋商谈判、专家论证、政策解读、业务培训等。

在人工智能和大数据时代背景下,专业化、高水平的信息服务将提高科技成果转化的效率和规模。

3.4　本 章 小 结

随着科技与经济的不断发展、社会分工的不断细化,政府（政）、产业/企业（产）、高校与科研机构（研）已经不能完全代表所有的创新主体,三螺旋模型已逐渐不能圆满诠释政、产、研之外的创新主体在促进社会整体创新发展中的作用以及新兴创新主体与原有的政、产、研三大创新主体之间的互动关系。现有研究中,提出了"政-产-研-金"、"政-产-研-介"、"政-产-研-众"等关于四螺旋构成的观点,虽有其科学性和合理性,但从系统性、架构性和可操作性来看,仍存在不足。

本章将政、产、研三螺旋模型扩展为政、产、研、服四螺旋模型,并率先提出了以包括技术转移、信息咨询、知识产权、科技金融等服务功能在内的科技服务机构为第四螺旋。

本章运用互信息测度理论,设计构建了四螺旋创新协同度计量指标 T_{gias},用以量化测度了四螺旋主体之间的创新协同度,证实了科技服务机构参与协同创新的积极作用。通过量化分析发现:科技服务机构加入政、产、研三螺旋结构并形成四螺旋结构后,全方位显著提升了政-产、政-研、产-研、政-产研既有的协同度,充分反映出科技服务机构作为第四螺旋对原有三螺旋模型和体系的催化与促进作用;政、产、研、服四螺旋的协同度在近十多年总体上呈稳步上升趋势,其中,产、研、服的协同度表现最佳,政、产、服协同度表现次之,政、研、服的协同度暂居最末。

科技成果转化是协同创新的一种重要形式,协同创新的四大主体（四螺旋）

之间的协同度越高，越有利于提高科技成果转化效率。

本章随后探讨了科技成果转化信息服务系统在四螺旋体系中的定位，将其明确为第四螺旋科技服务机构中的技术转移服务机构和科技信息咨询服务机构的交叉、合作或共建的部分，并对其服务于政、产、研、服不同主体的功能作用进行了分析与说明。

第4章　科技成果转化效率影响因素

四螺旋是协同创新的一种模式,科技成果转化是协同创新的一种形式。本章首先,基于投入-产出分析模型从宏观层面对科技成果转化的影响因素进行了分析研究;其次,基于德尔菲专家调查和 ANP 进一步从微观(操作)层面对四螺旋相互作用下的科技成果转化效率影响因素重要性进行了评价;最后,根据上述两个方面的研究结果,分析了基于四螺旋模型的科技成果转化信息服务重点。

4.1　基于投入-产出评价的科技成果转化效率影响因素分析

4.1.1　科技成果转化投入-产出效率分析原理

本节以全国除港澳台之外的 31 个省区市 2012~2021 年科技成果转化效率为研究对象,基于科技成果转化活动的主要投入指标、产出指标,建立 DEA 模型,比较各省区市科技成果转化效率高低,分析造成效率不同的主要影响因素。本节设计了投入指标、产出指标用以分析各省区市总体效率,并且设立了中间指标,利用两阶段 DEA 确定效率低下的原因;将各省区市科技成果转化效率值作为因变量,将影响因素作为自变量,利用随机森林和 Tobit 方法进行回归,分析影响科技成果转化效率的主要因素。

首先,利用 CCR 模型和 BCC 模型测算科技成果转化效率,即传统 DEA 方法测算静态技术效率,在此基础上将科技成果转化过程分为技术创新阶段和产业价值创造阶段,进行两阶段 DEA 分析。其次,引入时间变量,利用 DEA-Malmquist 模型测算动态全要素生产率,用 Malmquist 生产率指数方法核算 2012~2021 年我国 31 个省区市全要素生产率的动态变化。

影响因素部分,使用随机森林方法分析各影响因素的相对重要性。利用 Tobit 模型进行面板数据回归,提取主要影响因素,并进行 GMM 检验。随机森林得到的结果仅是重要性排序,对于具体影响方式仍需结合关联分析等进一步探讨,在此与 Tobit 面板回归结合,得到主要影响因素重要程度以及影响方式,将结果进行对比综合,从而得出结论。

基本框架如图 4-1 所示。

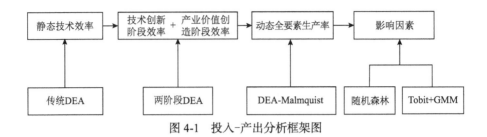

图 4-1　投入-产出分析框架图

1. DEA

DEA 由查恩斯（Charnes）、库珀（Coopor）和罗德斯（Rhodes）于 1978 年提出，主要对决策单元（decision making unit，DMU）进行相对评价，通过数学规划并根据不同的输入输出值来估计有效生产前沿面，将各个决策单元投影到同一生产前沿面上，比较其偏离程度得出相对数据指标。使用该方法无须对数据进行无量纲化处理，无须任何权重假设，可充分优化投入产出方案，削减人为主观因素的影响，对于评价复杂系统的多投入多产出分析具有较大优势。

假设有 n 个决策单元、m 个输入指标和 s 个输出指标，在分式规划下，面向输出的 CCR 模型（规模报酬不变）如式（4-1）所示：

$$\max h_{j0} = \sum_{r=1}^{p} u_r y_{rj0} \bigg/ \sum_{i=1}^{m} v_i X_{ij0}$$

$$
\begin{aligned}
&\frac{\sum_{r=1}^{p} u_r y_{rj}}{\sum_{i=1}^{m} v_i x_{ij}} \leqslant 1, \quad j = 1, 2, \cdots, n \\
&u_r \geqslant 0, \quad r = 1, 2, \cdots, p \\
&v_i \geqslant 0, \quad i = 1, 2, \cdots, m
\end{aligned}
\tag{4-1}
$$

其中，x_{ij} 为 DMU$_j$ 的第 i 种投入；y_{rj} 为 DMU$_j$ 的第 r 种产出；v_i 为输入；u_r 为输出；h 为被评估决策单元的效率值，下标 j 为决策单元。DMU 的相对有效性由分式规划的最优值来代表，如果最优值为 1，则该决策单元是 DEA 有效或弱有效的，否则是无效的[1]。

与 CCR 模型不同，BCC 模型假定规模报酬可变，在 CCR 模型的基础上添加了限制条件，最终值消除了规模所起的作用，BCC 模型得出的效率值一般大于或等于 CCR 模型得出的效率值。BCC 模型在 CCR 模型基础上增加了约束条件 $\sum_{j=1}^{n} \lambda_j = 1$（$\lambda \geqslant 0$），使投影点与被评价决策单元的生产规模处于同一水平：

---

① 张宏军, 徐有为, 程恺, 等. 数据包络分析研究热点综述[J]. 计算机工程与应用, 2018, 54(10): 219-228.

$$\min \theta$$

s.t.
$$\sum_{j=1}^{n} \lambda_j x_{ij} + s_i^- + s_i^+ = \theta x_{i0}, \quad i = 1, 2, \cdots, m$$

$$\sum_{j=1}^{n} \lambda_j y_{rj} + s_r^+ - s_r^- = \theta y_{r0}, \quad r = 1, 2, \cdots, s$$

$$\sum_{j=1}^{n} \lambda_j = 1, \quad \lambda_j \geqslant 0$$

$$s_i^-, s_i^+, s_r^+, s_r^- \geqslant 0$$

其中，θ 为目标函数值，表示决策单元的相对效率；λ_j 为第 j 个 DMU 的权重；x_{ij} 为第 j 个 DMU 的第 i 个输入；y_{rj} 为第 j 个 DMU 的第 r 个输出；s_i^-、s_i^+ 为第 i 个输入的负松弛变量和正松弛变量，分别表示输入不足和冗余；s_r^-、s_r^+ 为第 r 个输出的负松弛变量和正松弛变量，分别表示输出不足和冗余。

本章利用 DEAP 2.1 软件计算 CCR 模型和 BCC 模型下的效率值，将不同条件下的效率值拆分为纯技术效率和规模效率并进行对比研究。

2. 两阶段 DEA

传统 DEA 方法将决策单元整个系统视为不可分割的"黑箱"[1]，不考虑中间过程与分阶段效率。两阶段 DEA 把各个分阶段（子过程）视为独立的生产过程，子过程 1 的产出是子过程 2 的投入，子过程 1 的生产状况影响子过程 2 的效率。两阶段 DEA 方法多出一项中间产出，中间产出是第一阶段的输出和第二阶段的输入，该方法计算较为简便，同时与传统 DEA 方法进行对比分析，便于得出结论，厘清其内部运行过程。Ho 等[2]将科技成果转化过程解构为技术创新和产业价值创造两个阶段，前者负责技术开发，后者指技术产业化发展。根据王辉和陈敏[3]的经验，第一阶段为以投入最小化产出最大化为目标（投入导向型），第二阶段以产出最大化投入最小化为目标（产出导向型）。

3. DEA-Malmquist

Malmquist 指数衡量产出、投入比，用于核定生产效率，最早于 1953 年提出，

① 吕荣杰, 贾芸菲, 张义明. 中国省际技术转移"黑箱"解构及效率的评价分析: 基于高校、企业比较的视角[J]. 科技管理研究, 2018, 38(22): 42-49.

② Ho M H C, Liu J S, Lu W M, et al. A new perspective to explore the technology transfer efficiencies in US universities[J]. The Journal of Technology Transfer, 2014, 39(2):247-275.

③ 王辉, 陈敏. 基于两阶段 DEA 模型的高校科技创新对区域创新绩效影响[J]. 经济地理, 2020, 40(8): 27-35, 42.

而后于 1982 年应用于生产效率变化的测算。1994 年有学者将其与 DEA 结合，至今已广泛应用于生产效率的测算。

4. 随机森林

随机森林是一种基于分类树的算法，它可以用于分类和回归，无须将数据标准化，直接利用随机森林算法拟合函数关系，将科技成果转化效率作为因变量，采用 R 语言中的 Random Forest 包建立基于随机森林的效率及其若干影响因素的回归树模型，利用多个分类树对数据进行分类，通过计算由选取不同自变量而造成的鉴定准则的改变量，得出所选自变量对科技成果转化效率这一因变量的相对影响力，给各个自变量的重要性评分。

随机森林处理数据的优势在于：适用于数据集中存在大量未知特征的情况，不必担心过度拟合；当数据集中且存在噪声时同样可以取得较好的预测效能，比较稳定，泛化能力强。

5. Tobit+GMM

Tobit 回归模型是因变量受到限制的一种回归模型，当因变量是切割或片段数据时（技术效率值均大于 0 小于 1），普通最小二乘法不适用于估计回归系数，可以使用基于最大似然估计原理的面板 Tobit 模型。

标准的 I 型 Tobit 回归模型（基本模型）如下：

$$
\begin{aligned}
y_i^* &= \beta' x_i + u_i \\
y_i^* &= \begin{cases} y_i, & y_i^* > 0 \\ 0, & y_i^* \leqslant 0 \end{cases}
\end{aligned}
\qquad (4\text{-}2)
$$

其中，y_i^* 为潜在因变量，大于 0 时被观察到，取值为 y_i；x_i 为自变量向量；β 为系数向量；误差项 u_i 独立且服从正态分布。

GMM 本质是运用矩条件对参数进行估计，与最小二乘法等方法不同，该方法无须满足某些假设，允许随机误差项存在异方差和序列相关，具有较好的渐进性，可以较好地处理解释变量的内生性问题，因此得到的参数估计量比其他估计方法更合乎实际。

利用 Stata 软件可实现 Tobit 回归和 GMM 检验。

4.1.2 科技成果转化效率评价相关指标设计

1. 投入指标

首先投入方面重点涉及经费投入和人员投入，在此以 R&D 经费支出和 R&D

人员全时当量来体现较为合适，其次加入了"规模以上企业 R&D 经费在主营业务收入中的占比""规模以上工业企业技术获取和技术改造经费支出"，通过这两项指标反映规模以上企业对科研活动和科技成果转化的重视程度。

X1 表示 R&D 经费支出（万元）：全社会研究与试验发展经费，指全社会用于开展 R&D 活动的直接支出及间接支出，如人员费、设备费、材料费、燃料费、外协费、测试费、会议费、咨询费、差旅费、管理费等多项支出。

X2 表示规模以上企业 R&D 经费在主营业务收入中的占比（%）：企业是技术创新活动的主体，该指标反映规模以上企业的 R&D 经费投入情况。

X3 表示规模以上工业企业技术获取和技术改造经费支出（万元）：包括引进技术、消化吸收技术、购买境内技术、技术改造四个方面的经费支出。

X4 表示 R&D 人员全时当量：该指标所指人员包括产学研各类机构的研发人员；该指标反映 R&D 全时人员和非全时人员的总体工作量，并将总体工作量折合为 R&D 人员全时人员数的总和。

2. 中间指标

中间指标是两阶段 DEA 方法的指标设计，用来衡量中间过程产出，包括专利授权数、有效发明专利数、国家或行业标准数和应用技术类科技成果数①四个方面。该指标反映可用于科技成果转化和生产实施的科研产出情况。

M1 表示专利授权数：各省区市专利授权数。

M2 表示有效发明专利数：各省区市专利有效数。

M3 表示应用技术类科技成果数：各省区市应用技术类科技成果数量。数据来源于《全国科技成果统计年度报告》。

M4 表示国家或行业标准数：各省区市研究与开发机构科技产出中形成国家或行业标准的数量。

3. 产出指标

产出指标用来衡量科技成果转化的产出工作，指通过科技成果转化活动所获得的专利许可收入等。产出指标主要包括 R&D 机构专利所有权转让及许可收入、技术市场技术输出地域合同金额、高技术产业主营业务收入三部分。技术市场技术输出地域合同金额体现技术市场的整体规模和转化强度；而高技术产业以高技术产品开发生产为主导，技术创新是该产业持续发展的关键因素，在此将高技术产业主营业务收入作为反向衡量技术创新的标准，体现企业的自主创新能力。

---

① 应用技术类科技成果指为提高生产力和促进社会公益事业而进行的科学研究、技术开发、后续试验与应用推广所产生的具有实用价值的成果。科技成果的另外两个类别是基础理论成果和软科学成果，不纳入面向技术转移的计量分析。

Y1 表示 R&D 机构专利所有权转让及许可收入（万元）：各地区 R&D 机构专利所有权转让及许可收入。

Y2 表示技术市场技术输出地域合同金额（万元）：该指标反映科技成果转化和科技成果转化的总体规模。

Y3 表示高技术产业主营业务收入（亿元）：企业从事高技术产业生产经营活动所取得的营业收入。

4. 影响因素

影响因素指标设计从宏观、微观两个角度入手。宏观角度包括环境因素（地区经济发展水平）、对外开放程度、地区产业结构（产业现代化程度）等指标。微观角度包括人员因素（从业人员素质）、投入主体（R&D 投入强度，政府、企业支持力度）等指标。

A1 表示地区经济发展水平：地区生产总值。

A2 表示从业人员素质：本章以 R&D 人员中硕士以上学历人员占比表示该指标。

A3 表示 R&D 投入强度：R&D 经费在地区生产总值中的占比。

A4 表示对外开放程度：本章以区域进出口总额占地区生产总值比重表示该指标。

A5 表示政府支持力度：政府资金投入占 R&D 投入经费的比重[①]。

A6 表示企业支持力度：企业资金投入占 R&D 投入经费的比重。

A7 表示产业现代化程度：本章以第二、第三产业增加值在地区生产总值中的比重衡量该指标。

4.1.3　各省区市科技成果转化效率评价分析

数据来源：《中国科技统计年鉴》《中国统计年鉴》《中国高技术产业统计年鉴》《全国科技成果统计年度报告》《中国火炬统计年鉴》，数据权威可靠且获取稳定。

数据说明：部分数据存在比例较低的单调模式缺失，因此使用基于 PMM（predictive mean matching，预测均数匹配）的多重插补法进行缺失数据插补处理[②]，其对指标内部信息与指标间的相互关系实现了充分利用。

1. 效率测度

1）综合效率（2012～2021 年）

分析结果如表 4-1 所示。其中：crste 是综合效率（CCR 模型：规模报酬不变），

---

① 黄磊. 长江经济带技术创新效率及其影响因素研究[D]. 重庆：重庆工商大学，2016.

② 沈琳，陈千红，谭红专. 缺失数据的识别与处理[J]. 中南大学学报（医学版），2013, 38(12): 1289-1294.

vrste 是纯技术效率（BCC 模型：规模报酬可变），前者不考虑规模收益，后者考虑规模收益；scale 是考虑规模收益时的规模效率。纯技术效率和规模效率的乘积是综合效率。由于效率值均小于等于 1，因此综合效率值一般低于或等于纯技术效率值。

总体来看，北京、广东两省市的科技成果转化效率最高，2012～2021 年都为 1.000；河北、山西、内蒙古、黑龙江、浙江、湖南、云南、新疆、宁夏等地区科技成果转化效率相对较低。其中新疆等地区综合效率低是规模效率低导致的，如新疆 2012 年、2013 年、2021 年纯技术效率为 1，但规模效率较低；而河北、山西、黑龙江、浙江、湖南则是纯技术效率较低导致的综合效率较低，如湖南除 2012 年外规模效率均接近 1，但纯技术效率均仅在 0.5 左右（具体数据通过表 4-1 未展示的完整数据归因分析得到）。

表 4-1　各省区市 2012～2021 年平均科技成果转化综合效率

省区市	平均效率		
	crste	vrste	scale
北京	1.000	1.000	1.000
天津	0.913	0.916	0.996
河北	0.348	0.491	0.737
山西	0.461	0.559	0.865
内蒙古	0.253	0.474	0.578
辽宁	0.706	0.734	0.974
吉林	0.864	0.954	0.913
黑龙江	0.449	0.523	0.886
上海	0.922	0.947	0.987
江苏	0.988	0.976	0.993
浙江	0.450	0.489	0.936
安徽	0.495	0.523	0.942
福建	0.616	0.637	0.980
江西	0.979	0.993	0.985
山东	0.556	0.582	0.943
河南	0.748	0.798	0.916
湖北	0.685	0.693	0.968
湖南	0.460	0.475	0.966
广东	1.000	1.000	1.000

续表

省区市	平均效率		
	crste	vrste	scale
广西	0.727	0.763	0.891
海南	0.747	0.853	0.873
重庆	0.989	0.990	0.997
四川	0.910	0.911	0.933
贵州	0.707	0.774	0.866
云南	0.449	0.505	0.735
西藏	0.843	1.000	0.843
陕西	0.887	0.871	0.974
甘肃	0.913	0.859	0.933
青海	0.887	0.969	0.908
宁夏	0.347	0.508	0.541
新疆	0.164	0.663	0.266

两阶段 DEA 是对投入产出总体情况的解构分析，此处运用两阶段 DEA 只为辅助分析各省区市科技成果转化效率的成因[①]。

2）技术创新阶段效率

分析结果如表 4-2 所示。技术创新阶段是技术的开发挖掘，通过设立中间产出，将中间产出作为输出，分析各省区市"投入-中间产出"之间的技术效率问题。在技术创新阶段，北京、天津、黑龙江、江苏、浙江、广东、西藏、青海等省区市效率较高。

表 4-2　各省区市 2012～2021 年技术创新阶段效率

省区市	2012 年	2013 年	2014 年	2015 年	2016 年	2017 年	2018 年	2019 年	2020 年	2021 年
北京	1.000	1.000	1.000	1.000	1.000	1.000	1.000	1.000	1.000	1.000
天津	0.685	0.830	1.000	1.000	1.000	1.000	0.992	1.000	1.000	1.000
河北	1.000	1.000	1.000	1.000	0.757	0.656	0.857	0.838	0.950	0.982

续表

省区市	2012 年	2013 年	2014 年	2015 年	2016 年	2017 年	2018 年	2019 年	2020 年	2021 年
山西	0.352	0.398	0.432	0.498	0.494	0.601	0.724	0.612	0.641	0.650
内蒙古	0.371	0.278	0.639	0.365	0.400	0.609	0.651	0.739	0.730	0.850
辽宁	0.470	0.454	0.471	0.607	0.608	0.638	0.659	0.664	0.648	0.683
吉林	0.607	0.683	0.857	0.604	0.429	0.622	0.724	0.638	0.709	0.687
黑龙江	0.901	0.884	0.968	1.000	1.000	1.000	1.000	0.969	0.897	0.972
上海	0.814	0.798	0.878	0.862	0.836	0.911	0.980	0.978	0.880	0.902
江苏	1.000	1.000	1.000	1.000	1.000	0.786	0.883	0.880	1.000	0.994
浙江	1.000	1.000	1.000	1.000	1.000	1.000	1.000	1.000	1.000	1.000
安徽	0.663	0.646	0.726	0.709	0.750	1.000	1.000	1.000	1.000	1.000
福建	0.499	0.509	0.555	0.759	0.845	0.848	1.000	0.914	1.000	0.730
江西	0.542	0.616	0.779	0.861	1.000	0.945	0.983	0.932	0.879	0.842
山东	0.705	0.756	0.849	0.860	0.776	0.628	0.718	0.848	0.921	0.822
河南	0.791	0.917	0.986	0.957	0.832	0.827	0.808	0.780	0.831	0.798
湖北	0.533	0.568	0.654	0.647	0.746	0.662	0.697	0.682	0.728	0.703
湖南	0.390	0.468	0.518	0.522	0.537	0.542	0.554	0.549	0.536	0.480
广东	1.000	1.000	1.000	1.000	1.000	1.000	1.000	1.000	1.000	1.000
广西	0.474	0.574	0.716	1.000	1.000	1.000	1.000	1.000	1.000	1.000
海南	0.800	1.000	1.000	1.000	1.000	1.000	1.000	1.000	1.000	1.000
重庆	1.000	1.000	1.000	1.000	1.000	0.813	0.810	0.723	0.654	0.628
四川	0.748	1.000	1.000	1.000	1.000	0.865	0.911	0.846	0.800	0.799
贵州	0.620	0.724	0.888	0.986	0.872	0.811	0.925	1.000	0.978	0.896
云南	0.942	1.000	1.000	0.923	0.769	0.638	0.699	0.621	0.588	0.660
西藏	1.000	1.000	1.000	1.000	1.000	1.000	1.000	1.000	1.000	1.000
陕西	1.000	1.000	1.000	1.000	1.000	1.000	1.000	0.788	0.629	1.000
甘肃	1.000	0.993	0.545	0.645	0.670	0.871	1.000	0.918	0.941	0.767
青海	1.000	1.000	1.000	1.000	1.000	1.000	1.000	0.854	1.000	1.000
宁夏	0.766	0.745	0.718	0.846	0.634	0.866	0.807	0.788	0.635	0.698
新疆	0.752	0.951	1.000	1.000	1.000	1.000	1.000	1.000	1.000	1.000

3）产业价值创造阶段效率

分析结果如表 4-3 所示。产业价值创造阶段是指技术的创新应用与产业化，将中间产出作为投入，分析"中间产出-产出"之间的效率问题。在产业价值创造阶段，北京、辽宁、上海、江苏、江西、广东、重庆等省市效率较高。

表 4-3　各省区市 2012～2021 年产业价值创造阶段效率

省区市	2012 年	2013 年	2014 年	2015 年	2016 年	2017 年	2018 年	2019 年	2020 年	2021 年
北京	1.000	1.000	1.000	1.000	1.000	1.000	1.000	1.000	1.000	1.000
天津	0.858	0.884	1.000	1.000	0.913	0.871	0.945	1.000	1.000	0.980
河北	0.327	0.281	0.446	0.474	0.290	0.376	0.344	0.442	0.744	0.818
山西	0.332	0.354	0.604	0.614	0.617	0.787	0.856	0.718	0.519	0.557
内蒙古	0.504	0.250	0.396	0.408	0.339	0.479	0.370	0.366	0.272	0.250
辽宁	0.664	1.000	1.000	1.000	1.000	1.000	1.000	1.000	1.000	1.000
吉林	0.540	0.730	1.000	1.000	1.000	1.000	1.000	1.000	1.000	0.893
黑龙江	0.412	0.386	0.375	0.328	0.284	0.361	0.315	0.332	0.366	0.326
上海	1.000	0.980	0.927	1.000	0.908	1.000	1.000	1.000	1.000	1.000
江苏	1.000	1.000	1.000	1.000	1.000	1.000	1.000	1.000	1.000	1.000
浙江	0.294	0.330	0.343	0.527	0.485	0.461	0.635	0.422	0.839	0.861
安徽	0.550	0.367	0.454	0.520	1.000	0.551	0.504	0.583	0.603	0.837
福建	0.592	0.612	0.698	0.752	1.000	0.678	1.000	0.762	0.809	0.972
江西	0.909	0.947	1.000	1.000	1.000	1.000	1.000	1.000	1.000	1.000
山东	0.561	0.579	0.795	0.834	0.783	0.714	0.649	0.531	0.724	0.644
河南	0.524	0.642	0.968	1.000	0.908	0.834	0.725	0.685	0.609	0.684
湖北	0.420	0.563	1.000	1.000	1.000	1.000	1.000	1.000	1.000	0.914
湖南	0.360	0.464	0.687	0.692	0.672	0.771	0.802	0.888	1.000	1.000
广东	1.000	1.000	1.000	1.000	1.000	0.974	1.000	1.000	1.000	1.000
广西	0.411	0.542	0.732	0.838	0.746	0.716	0.611	0.661	0.436	1.000
海南	0.546	0.461	0.370	0.393	0.677	0.654	0.690	0.667	0.523	0.355
重庆	1.000	1.000	1.000	1.000	1.000	1.000	1.000	1.000	1.000	1.000
四川	0.742	0.875	0.678	0.590	0.531	0.863	0.949	0.991	1.000	1.000
贵州	0.451	0.494	0.574	0.555	0.655	1.000	1.000	0.905	0.881	1.000
云南	0.397	0.351	0.294	0.258	0.315	0.820	0.378	0.377	0.460	0.458

续表

省区市	2012 年	2013 年	2014 年	2015 年	2016 年	2017 年	2018 年	2019 年	2020 年	2021 年
西藏	0.278	0.431	1.000	0.240	0.192	1.000	1.000	0.393	1.000	0.222
陕西	0.619	0.733	1.000	1.000	1.000	1.000	1.000	1.000	1.000	1.000
甘肃	1.000	0.865	1.000	1.000	0.948	1.000	0.879	0.522	1.000	1.000
青海	0.672	0.860	1.000	1.000	1.000	1.000	1.000	1.000	1.000	1.000
宁夏	0.146	0.121	0.200	0.362	0.406	0.356	0.363	0.374	0.327	0.410
新疆	0.119	0.076	0.034	0.068	0.169	0.107	0.211	0.120	0.176	0.122

对比两阶段 DEA 和总体效率，部分省区市技术创新阶段效率高，而产业价值创造阶段效率低，如新疆、黑龙江、浙江，说明其创新技术产业化仍存在障碍。部分省区市产业价值创造阶段效率高，而技术创新阶段效率低，如辽宁、吉林、湖北、湖南，这类型省区市要积极建设创新型省区市，鼓励本地区发展创新技术。

4）DEA-Malmquist 效率

分析结果如表 4-4 所示。

表 4-4　各省区市 2012～2021 年全要素生产率

省区市	effch	techch	pech	sech	tfpch
北京	1.000	1.110	1.000	1.000	1.110
天津	1.039	1.091	1.037	1.002	1.134
河北	0.952	0.992	0.875	1.087	0.944
山西	1.061	1.008	0.918	1.156	1.070
内蒙古	0.741	1.062	0.822	0.901	0.787
辽宁	0.901	1.135	0.886	1.018	1.023
吉林	1.140	0.977	0.983	1.159	1.113
黑龙江	0.973	1.048	0.914	1.065	1.020
上海	0.918	1.113	0.945	0.972	1.021
江苏	1.000	1.057	1.000	1.000	1.057
浙江	1.060	1.037	0.975	1.087	1.099
安徽	0.971	0.963	0.942	1.031	0.935

续表

省区市	effch	techch	pech	sech	tfpch
福建	0.974	1.017	0.961	1.014	0.991
江西	1.024	1.072	1.000	1.024	1.098
山东	1.008	1.079	0.996	1.012	1.087
河南	1.115	0.982	1.031	1.082	1.094
湖北	1.177	1.016	1.113	1.057	1.196
湖南	1.044	1.049	0.980	1.066	1.096
广东	1.000	1.045	1.000	1.000	1.045
广西	1.228	0.986	1.055	1.164	1.212
海南	1.163	1.166	1.000	1.163	1.356
重庆	0.991	0.984	0.995	0.996	0.975
四川	0.997	1.072	0.942	1.059	1.069
贵州	1.127	1.006	0.980	1.150	1.133
云南	0.906	1.099	0.802	1.129	0.995
西藏	1.377	1.389	1.000	1.377	1.912
陕西	1.085	1.029	1.064	1.019	1.116
甘肃	0.869	1.060	0.869	0.999	0.921
青海	1.105	1.454	1.000	1.105	1.606
宁夏	1.212	0.970	0.797	1.521	1.176
新疆	0.967	1.037	0.848	1.140	1.003
平均值	1.036	1.068	0.959	1.082	1.109

注：effch、techch、pech、sech、tfpch 分别表示技术效率变化指数、技术变化指数、纯技术效率指数、规模效率指数和全要素生产率。tfpch=effch × techch，effch=pech × sech

2012～2021 年，全国除港澳台之外的 31 个省区市的全要素生产率平均值为 1.109 大于 1，说明全要素生产率总体呈现上升趋势；全要素生产率可以分解成技术效率变化指数（反映综合效率的变化情况）和技术变化指数，这两个指数均值皆大于 1，技术效率变化和技术变化的提升促进全要素生产率的提高；技术效率=纯技术效率×规模效率，2012～2021 年，31 个省区市的技术效率变化指数和规模效率指数均大于 1，仅纯技术效率指数小于 1，纯技术效率呈下降趋势，在一定程度上阻碍了技术效率的提高。

2012～2021 年，河北、内蒙古、安徽、福建、重庆、云南、甘肃的全要素生产率低于 1，其余各省区市的全要素生产率均有所上升。将全要素生产率进一步细分，河北、内蒙古、福建、云南、甘肃的全要素生产率变化主要源于纯技术效率较低，其中内蒙古还受到规模效率的影响，规模因素限制其技术效率发展。安徽、重庆的全要素生产率主要源于技术变化指数和纯技术效率变化指数，重庆规模效率平均下降约 0.4%，这在一定程度上也影响了技术效率的提高。

2. 影响因素分析

1) 随机森林

利用随机森林对各影响因素对综合效率的影响进行排序，将综合效率值作为因变量，影响因素（A1～A7）作为自变量，使用 mean decrease accuracy（平均精确度减少）和 Gini（基尼）指数两种方式进行测度。

如图 4-2 所示：图 4-2（a）是均方误差（mean square error，MSE）递减意义下的重要性，图 4-2（b）是精确度递减意义下的重要性。两种方式均可以对变量重要性进行评估，两种方法得到的变量重要性基本是一致的。IncMSE 等价于 mean decrease accuracy 均方误差，表示相对重要性[基于 OOB（out-of-bag 袋外）错误率]，就是随机地对每一个变量赋值，如果某变量具有较高的重要性，则预测误差增大，精确度减小。IncNodePurity 表示节点纯度（基于 Gini 指数），Gini 指数变化的均值作为变量重要程度的度量。

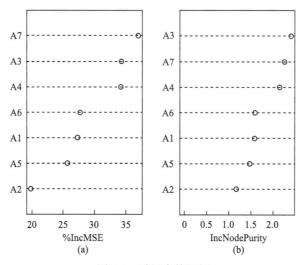

图 4-2　随机森林回归

将影响因素按照重要性排序：产业现代化程度>R&D 投入强度>对外开放程

度>企业支持力度>地区经济发展水平>政府支持力度>从业人员素质。

2）Tobit + GMM 分析

Tobit 基于最大似然估计原理，对影响因素变量进行回归，为了保证估计结果的稳健性，采用 GMM 重新评估，无须满足某些假设，比其他参数方法更合乎实际。

分析结果表明（表 4-5），以科技成果转化的综合效率值为因变量，地区经济发展水平、从业人员素质、对外开放程度等影响因素为自变量，回归效果整体显著。从 Tobit 回归结果来看，A1（地区经济发展水平）、A6（企业支持力度）、A7（产业现代化程度）在 1% 的显著性水平上显著；A5（政府支持力度）在 5% 的显著性水平上显著；而其他变量 A2（从业人员素质）、A3（R&D 投入强度）、A4（对外开放程度）均表现为不显著。与 GMM 检验结果（表 4-6）基本相同。

表 4-5　效率影响因素 Tobit 模型回归

项目	回归系数	标准差	t	$P>\|t\|$	95%置信区间
A1	4.45×10^{-6}***	1.21×10^{-6}	3.68	0	$[2.07 \times 10^{-6}, 6.83 \times 10^{-6}]$
A2	0.000 795 4	0.002 111 5	0.38	0.707	[−0.003 359 5, 0.004 950 4]
A3	−0.003 114 0	0.038 580 6	−0.08	0.936	[−0.079 033 9, 0.072 805 9]
A4	0.001 707 0	0.001 138 0	1.50	0.135	[−0.000 532 4, 0.003 946 4]
A5	−0.027 734 3**	0.011 027 9	−2.51	0.012	[−0.049 435 2, −0.006 033 4]
A6	−0.038 776 9***	0.010 822 9	−3.58	0	[−0.060 074 6, −0.017 479 3]
A7	0.023 099 6***	0.005 905 4	3.91	0	[0.011 478 8, 0.034 720 3]
_cons	1.939 387 0**	0.977 140 7	1.98	0.048	[0.016 546 4, 3.862 228 0]

、*表示在 5%、1%的水平下显著

表 4-6　效率影响因素 GMM 检验

项目	回归系数	标准差	z	$P>\|z\|$	95%置信区间
A1	3.73×10^{-6}***	8.37×10^{-7}	4.46	0.000	$[2.09 \times 10^{-6}, 5.38 \times 10^{-6}]$
A2	0.000 241 8	0.001 625 9	0.15	0.882	[−0.002 957 8, 0.003 441 4]
A3	−0.023 705 5	0.024 132 9	−0.98	0.327	[−0.071 195 5, 0.023 784 4]
A4	0.000 643 2	0.000 761 0	0.85	0.399	[−0.000 854 3, 0.002 140 7]
A5	−0.019 778 0**	0.008 401 5	−2.35	0.019	[−0.036 310 8, −0.003 245 2]
A6	−0.026 944 5***	0.008 218 8	−3.28	0.001	[−0.043 117 9, −0.010 771 1]

续表

项目	回归系数	标准差	z	P>|z|	95%置信区间
A7	0.016 956 3***	0.004 442 9	3.82	0.000	[0.008 213 3, 0.025 699 4]
_cons	1.487 743 0**	0.739 824 7	2.01	0.045	[0.031 879 1, 2.943 607 0]

、*表示在5%、1%的水平下显著

地区经济发展水平和产业现代化程度对科技成果转化效率具有显著的正向作用，而政府支持力度和企业支持力度对效率有显著的负向作用，政府支持力度和企业支持力度每降低1%，效率分别相应地提高0.028%和0.039%，表明政府和企业的R&D投入仍有冗余。

4.1.4　结果讨论

根据2012~2021年DEA分析结果，总体来看，我国除港澳台之外的31个省区市全要素生产率总体呈现稳步上升趋势，其中，北京、天津、江苏、上海、广东科技成果转化效率较高，分别代表以北京为中心的京津冀经济圈、以上海为中心的长三角经济圈和粤港澳大湾区经济圈的科技成果转化水平。东三省与中部地区效率较低。将科技成果转化过程分为技术创新和产业价值创造两个阶段，辽宁、吉林效率低的主要原因在第一阶段，河北、黑龙江、安徽、浙江效率低的原因在第二阶段。新疆、宁夏、西藏等地，则由于规模效率较低阻碍了效率提高。四川和重庆效率较高，随着西南地区经济的迅速发展，成渝地区双城经济圈正在崛起。

综合随机森林回归和Tobit回归及GMM检验，产业现代化程度和地区经济发展水平可以促进科技成果转化效率的提高，影响最大的因素是产业现代化程度；政府支持力度和企业支持力度具有两面性，过度投入反而降低了效率。主要的影响因素有以下几点。

1. 产业现代化程度

产业现代化程度指经济发展由第一产业向第二、第三产业转移，是反映地方经济发展水平的重要指标，尤其是第三产业。第二产业是国民经济的主导，第三产业附加值最高，是国家富强的标志。该指标代表产业结构高级化过程，但并不表示产业结构合理化，只有满足产业结构合理化，实现生产要素的合理配置，使各产业协调发展，这样的产业现代化才能促进技术创新效率有效提升。有效提高科技成果转化效率，要促进产业结构优化升级，淘汰过剩夕阳产业，实现资源有效配置。

2. 地区经济发展水平

地区经济发展水平对科技成果转化效率具有明显的正向推动作用,说明经济越发达的地区,科技成果转化效率越高。这主要原因在于人均生产总值越高,其产业聚集程度越高,越有利于当地聚集性产业发展和创新技术产业化,从而有助于效率的有效提升。

3. 政府支持力度

政府支持力度是指区域政府对当地技术创新发展的干预程度,一般来说,政府的适当干预有助于科技成果转化效率的提升,可以弥补市场失灵,实现风险分担和资源合理配置,但在 Tobit 回归结果中,政府支持力度具有显著反向作用,过度干预反而会扰乱技术创新的正常发展。

4. 企业支持力度

企业是科技成果转化市场中的主体,对技术创新有强烈的自身需求,企业要保持其核心竞争力,需有明显的技术优势,为企业赢得丰厚的回报。企业积极开展自主创新对科技成果转化效率提升应有明显的正向作用,但 Tobit 回归结果与期望不符,Tobit 结果显示该指标具有显著的反向作用,表明企业投资仍有部分冗余,资金得不到有效回馈。

R&D 投入强度在随机森林回归结果中最重要,与地区经济发展水平因素相关,但在 Tobit 面板回归中,未能通过显著性检验,因此不作为主要影响因素。

总的来说,要提高科技成果转化有效进行,促进效率提升,应将产业结构调整放在首位,积极发展第三产业,同时重视政府投入资金、企业投入资金使用方向,实现资源的优化配置。科技成果转化效率的主要瓶颈在于产业结构是否合理化以及R&D 资源的合理配置。加大第三产业企业改革力度,利用高新技术改造传统行业,提升技术含量,促进科技服务业的迅速发展;部分第二产业产能过剩且耗资多,属于资源密集型,要促进工业整体结构优化升级,尽快形成能耗低效益好的工业现状;积极完善技术市场的建设和配置,适当调整企业支持力度和政府支持力度,减少资金冗余。

4.2　基于专家调查的科技成果转化效率影响因素重要性评价

关于科研指标的莱顿宣言提出了十大原则,其中第一条是:"量化的评估应当支持而非取代质化的专家评审"[1]。沃伦·巴菲特(Warren Buffett)的黄金搭

---

[1] 《关于科研指标的莱顿宣言》[EB/OL]. http://www.leidenmanifesto.org/uploads/4/1/6/0/41603901/leiden_manifesto_chinese_150423.pdf[2018-12-31].

档、美国投资家查理·芒格（Charlie Thomas Munger）2003 年 10 月在加利福尼亚大学圣巴巴拉分校的主题为"论学院派经济学"的报告中认为学院派经济学的第一个缺陷是"过度强调某些可以量化的因素""不把那些可能更加重要但没有相关数据的因素考虑在内"[①]。美国桥水基金创始人瑞·达利欧（Ray Dalio）认为[②]，最佳决策既非独断专行，也非一人一票，它应该根据参与决策人员观点的可信度得出，最具可信度的观点来自：①反复多次成功地解决了相关问题的人；②能够有逻辑地解释结论背后因果关系的人，对可信度赋予权重，然后综合得出结论。

本章 4.1 节从宏观层面基于统计数据定量分析科技成果转化效率的影响因素。本节则基于业内专家评价角度，从相对微观（操作）的层面对科技成果转化效率影响因素开展进一步研究。本节采用专家调查研究方法，具体而言，采用了以 ANP、德尔菲法、群组决策相结合的研究方法。其中，ANP 主要用于构建科技成果转化效率影响因素重要性评价指标体系的网络层次结构，结合德尔菲法通过对专家小组的多轮咨询和意见综合，获取各级指标的权重值。

4.2.1　科技成果转化效率影响因素重要性评价指标体系构建

结合国内外大量相关文献调研、笔者相关研究经验与实践积累、专家意见征询等，本书从政府、产业/企业、高校与科研机构、科技服务机构等四个角度，对科技成果转化效率的相关影响因素进行了分析、遴选，并按其属性层次化，初步构建了两层指标体系，含 4 个一级指标、44 个二级指标。然后，经过专家咨询，进一步归纳和提炼，最终确立了由 4 个一级指标、27 个二级指标构成的科技成果转化效率影响因素层次体系（表 4-7）。

表 4-7　科技成果转化效率影响因素层次体系

一级	二级		内涵释义
政府作用（A）	A1	科技成果转化相关法律法规	如《中华人民共和国促进科技成果转化法》、美国拜杜法案（the Bayh-Dole Act，即 Patent and Trademark Law Amendments Act）
	A2	科技成果转化相关政策及配套措施	如税收、补贴、财政资金投入、基金、财政经费支持的项目课题研究、职务发明所有权等方面的政策与措施
	A3	法律法规与政策措施执行力	如侵权判定与执行、转化权责与收益的兑现、财政资金到位情况等
	A4	科技成果转化的组织保障与体系建设	如科技部成立成果转化与区域创新司；《国家技术转移体系建设方案》、国家科技成果转移转化示范区建设等

---

① 考夫曼 P D. 穷查理宝典：查理·芒格智慧箴言录[M]. 李继宏，译. 北京：中信出版社，2016.

② 达利欧 R. 原则[M]. 刘波，綦相，译. 北京：中信出版社，2018.

续表

一级	二级		内涵释义
政府作用 （A）	A5	科技成果转化引导资金	如国家和地方各类科技成果转化引导基金
	A6	科技成果转化相关标准、规范与认证体系	如技术转移服务规范（国家标准 GB/T 34670—2017）；资质认证、执业认证、质量管理认证等
企业（技术需求方）作用 （B）	B1	新技术信息跟踪监测能力	企业对技术发展前沿的了解
	B2	技术需求辨识能力	企业准确辨识并清晰阐明其准确、实际技术需求的能力
	B3	技术承接、消化或实施能力	企业的技术消化能力或技术实施能力，可影响企业能否有效承接和利用外部技术，主要包括企业的研发团队水平、科研设备水平、生产条件、配套技术等
	B4	技术交易成本	如信息不对称等因素导致的交易成本过高，包括搜索障碍、评估障碍、谈判障碍、实施障碍等
	B5	企业信用	影响技术供给者、风险投资者和企业的合作
	B6	知识产权运营管理能力	企业对以专利为代表的知识产权的申请、管理、运营、维权等方面的能力
	B7	技术布局和产品开发的中长期规划	企业对自身业务发展方向或细分产业领域的技术布局以及新产品开发的中长期规划。可能有利于企业有计划有步骤地引进技术，也利于技术供给方针对性地输出技术。但技术的发展不完全是按规划和计划来推进的
高校与科研机构（技术供给方）作用 （C）	C1	技术先进性	技术水平，技术创新程度
	C2	技术成熟度	技术可产业化、可市场化的程度，技术从实验室到市场的距离。该指标和技术先进性指标一起，一般作科技成果评价的技术维度
	C3	技术的市场应用前景	先进的技术不一定有好的市场，比如会受当前市场在不完全竞争情况下主流技术更新换代的成本影响。一般作科技成果评价的法律维度
	C4	知识产权运营管理能力	包括有意识地宣传推广科技成果、组织批量化技术转移成果转化对接活动、孵化有转化潜力的科技成果等。包括国内外知识保护的策略措施、对侵权风险的监测与预警、面对专利诉讼的应对措施。一般作科技成果评价的法律维度
	C5	科技成果转化收益分配机制	包括奖励、分红等多种形式
	C6	科技成果所有权划分政策	如四川省在全面创新改革试点工作中推进的职务科技成果权属混合所有制改革，它与现行的职务发明创造的发明人能够获得权利人（单位）给予的奖励不同，它是将职务发明创造的所有权或长期使用权也分给发明人一部分①

---

① 四川率先改革，现已在全国逐步试点推广。2020 年 5 月，科技部等九部门印发《赋予科研人员职务科技成果所有权或长期使用权试点实施方案》的通知（国科发区〔2020〕128 号）。

续表

一级	二级	内涵释义
高校与科研机构（技术供给方）作用（C）	C7　人才与科研项目考评体系	学术导向使得科研机构和高校的相当数量的专利申请侧重于创新性和精确性，导致授权专利保护范围不足；科技成果转化成效未较好地体现于人才和项目的考评中
科技服务机构作用（D）	D1　科技成果转化服务水平	包括科技成果转化信息服务、技术交易信用保障、优秀成果推荐与重大需求发布、科技供需匹配分析、供需双方对接交流甚至交易的渠道与平台的建设和维护、科技成果转化方式的研究与选择（包括转让、许可、入股的选择，包括先试后买、对赌方式的选择，包括磋商中试和工艺技术的解决途径等）、专家的选择与组织、成果转化实施远程监测与专家跟踪指导、科技成果转化法务咨询等多方面工作的能力和水平，也包括技术经理人或经纪人水平、科技成果转化成功数量与比例（包括国际技术转移成功数量与比例）以及具体实施效果等多方面
	D2　科技信息咨询服务水平	包括但不限于科技信息、市场信息、政策信息、金融信息等多方面的信息资源保障力度，包括科技信息分析、科技成果评价、技术创新能力评估、研发伙伴分析与推荐、技术主题与内容研究、社会网络分析、政策分析解读、顾问咨询与专题咨询、技术交易数据分析、前沿技术热点技术专题信息跟踪与组织、个性化信息服务、产业技术情报分析、技术路线规划分析、业务培训与用户培训等多方面工作的能力和水平
	D3　知识产权服务水平	技术转移尤其是国际技术转移，技术往往会具有知识产权尤其是专利权，而知识产权服务水平会直接影响技术的知识产权保护范围、深度和实际效果。包括知识产权申请与维权的代理服务、专利情报分析服务、专利组合分析服务、专利技术与需求的匹配分析服务、专利合作分析推荐服务等多方面工作的能力和水平
	D4　科技金融服务水平	科技金融服务于技术转移转化多样化、动态性的资本需求，帮助解决科技成果产业化难度大、市场不确定性大、资金投入周期长等问题
	D5　创业孵化服务水平	一般指为初创小微企业提供基本的办公场地、家具、设备、资金和创业咨询服务以及一定期限的政策扶持
	D6　检验检测服务水平	包括从设计开发到生产制造全过程的分析、测试、检验、检测以及认证等方面的服务能力和水平
	D7　与政产研三方面的交流合作频率与深度	作为技术供给方和需求方两者之间的桥梁与纽带，通常与四螺旋中的政产研三支创新主体会有程度不同的交流与合作

4.2.2 科技成果转化效率影响因素权重确定

1. ANP 原理及实施步骤

ANP 于 1996 年由美国运筹学家 Saaty 提出，它是在 AHP 的基础上发展而来的一种适应复杂结构的决策方法。ANP 与 AHP 最大的不同就是，AHP 把问题的总目标分解成若干因素，按其支配关系构成递阶层次结构模型，不考虑各层次元素之间相互影响关系。ANP 考虑层次内部和层次之间元素的依存与反馈关系，将系统内元素之间的关系构建成一个类似网络结构的形式。在解决实际问题时，ANP 能够更加准确地描述事物间的复杂关系，更为实用和有效。

ANP 将系统分为控制层和网络层，控制层包括问题目标和准则，每个准则都具有独立性并只受目标支配，有些情况下可以没有准则，但必须至少有一个问题目标；网络层由所有受控制层支配的元素组成，其内部是由元素间的相互关系构成的网络结构[1][2]。其典型结构如图 4-3 所示。

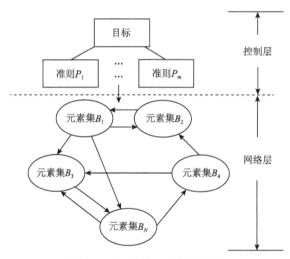

图 4-3　典型 ANP 分析结构图

ANP 解决实际问题的运用过程，大致包含五个基本步骤（计算过程较为复杂，可利用 Super Decisions 软件进行计算）。

（1）建立控制层和网络层：明确评价目标和准则层次，构建控制层，分析系统各因素间的关系，建立系统的网状结构模型。

（2）根据各要素间的相互作用，构造判断矩阵：假设建立的 ANP 结构控制层

---

① 贺纯纯, 王应明. 网络层次分析法研究述评[J]. 科技管理研究,2014, 34(3): 204-208, 213.
② 孙铭忆. 层次分析法（AHP）与网络层次分析法（ANP）的比较[J]. 中外企业家,2014, (10): 67-68.

中有目标 A 和准则 $P_1, P_2, P_3, \cdots, P_m$，网络层中有 n 个元素集 $B_1, B_2, B_3, \cdots, B_n$，每一元素集 B_i（$i=1, 2, 3, \cdots, n$）中有元素 $B_{i1}, B_{i2}, B_{i3}, \cdots, B_{in_i}$（$n_i$ 为元素集 B_i 中元素的个数）。以控制层 P_s（$s=1, 2, 3, \cdots, m$）为准则，以元素集 B_j（$j=1, 2, 3, \cdots, n$）中的元素 B_{j1} 为次准则，判断 B_i 中与之相关的元素之间的相对重要性，通过两两比较，构造判断矩阵，对该判断矩阵做一致性检验，并由特征根法得到归一化特征向量 $\left(W_{i1}^{j1}, W_{i2}^{j1}, \cdots, W_{in_i}^{j1}\right)^{\mathrm{T}}$，如表 4-8 所示。

表 4-8　以元素 B_{j1} 为准则比较 $B_{i1}, B_{i2}, B_{i3}, \cdots, B_{in_i}$ 相对重要性的判断矩阵

B_{j1}	$B_{i1}, B_{i2}, B_{i3}, \cdots, B_{in_i}$	归一化特征向量
B_{i1}		W_{i1}^{j1}
B_{i2}		W_{i2}^{j1}
$\vdots$		$\vdots$
B_{in_i}		$W_{in_i}^{j1}$
CR≤0.1		

注：一致性比率 CR 是用于评估矩阵一致性的指标。如果 CR≤0.1，则认为该矩阵通过一致性检验

　　同理，可以得出在以控制层 P_s 为准则和以元素集 B_j 中其他元素为次准则下元素集 B_i 的判断矩阵，并得出对应的归一化特征向量。

　　构建判断矩阵时，采用了 1～9 级比例标度，如表 4-9 所示。

表 4-9　两两比较的重要性标度

9 级标度	释义
1	两个指标相比较，具有同样重要性
3	两个指标相比较，前者比后者稍微重要
5	两个指标相比较，前者比后者明显重要
7	两个指标相比较，前者比后者强烈重要
9	两个指标相比较，前者比后者极端重要
2，4，6，8	上述相邻判断的中间值，重要程度分别介于 1、3、5、7、9 之间
1/9～1/2	比较项次序相反

　　（3）构造超矩阵：根据由判断矩阵得到的排序向量建立超矩阵。

　　将元素集 B_i 在以控制层 P_s 为准则和以元素集 B_j 中所有元素为次准则下得到的排序向量用矩阵 W_{ij} 表示。

$$W_{ij} = \begin{pmatrix} W_{i1}^{j1} & W_{i1}^{j2} & \cdots & W_{i1}^{jn_j} \\ \vdots & \vdots & & \vdots \\ W_{in_i}^{j1} & W_{in_i}^{j2} & \cdots & W_{in_i}^{jn_j} \end{pmatrix}$$

控制层 P_s 下所有的排序向量矩阵 W_{ij} 构成超矩阵 W。控制层有 m 个，则超矩阵就有 m 个，若控制层仅有单一目标，则以该目标为准则得到一个超矩阵。

$$W = \begin{pmatrix} W_{11} & W_{12} & \cdots & W_{1n} \\ W_{21} & W_{22} & \cdots & W_{2n} \\ \vdots & \vdots & & \vdots \\ W_{n1} & W_{n2} & \cdots & W_{nn} \end{pmatrix}$$

（4）构造加权超矩阵：以控制层 P_s 为准则，以任意元素集 B_j $(j=1, 2, 3, \cdots, n)$ 为次准则，判断其余元素集中与之相关的元素集之间的相对重要性，得到判断矩阵以及归一化特征向量，如表 4-10 所示。

表 4-10　以元素 B_j 为准则比较 B_1, B_2, B_3, $\cdots$, B_n 相对重要性的判断矩阵

B_j	B_1, B_2, $\cdots$, B_n	归一化特征向量
B_1		a_{1j}
B_2		a_{2j}
$\vdots$		$\vdots$
B_n		a_{nj}
	CR≤0.1	

由此得到加权矩阵 A：

$$A = \begin{pmatrix} a_{11} & a_{12} & \cdots & a_{1n} \\ a_{21} & a_{22} & \cdots & a_{2n} \\ \vdots & \vdots & & \vdots \\ a_{n1} & a_{n2} & \cdots & a_{nn} \end{pmatrix}$$

用加权矩阵 A 对超矩阵 W 中的元素进行加权，得到 $\overline{W}_{ij}$ $\left(\overline{W}_{ij} = a_{ij}W_{ij}\right)$，由 $\overline{W}_{ij}$ 构成的 $\overline{W}$ 即为加权超矩阵。

（5）计算极限超矩阵和标准化权重：记加权超矩阵 $\overline{W}$ 的 k 次幂为 $\overline{W}^k$，当 $\overline{W}^k$ 在 $k \to \infty$ 时的极限存在时，得到：

$$\overline{W}^{\infty} = \lim_{k \to \infty} \overline{W}^{k}$$

$\overline{W}^{\infty}$ 即为极限超矩阵，计算极限超矩阵是为了对加权超矩阵进行稳定性处理，据此可得到各个元素的全局权重。

2. 科技成果转化效率影响因素网络层次评价模型构建

在充分考虑因素间相互影响关系的基础上，本书构建了科技成果转化效率影响因素评价的网络层次结构（图 4-4）。

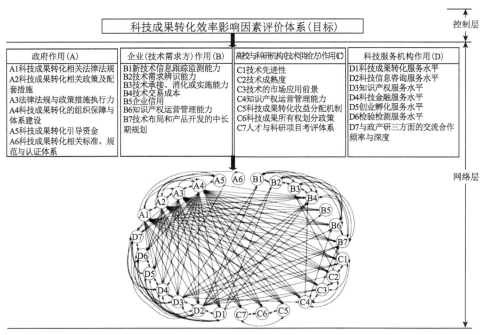

图 4-4 科技成果转化效率影响因素评价的网络层次结构

3. 科技成果转化效率影响因素权重确定

1）德尔菲专家咨询小组的组建

德尔菲法常常与 AHP 结合运用，应用于指标的重要性两两比较过程中，也可以与 ANP 结合运用，通过组建专家小组来完成对指标重要性的两两比较，由此获得较为可靠的比较结果。在德尔菲法中，各专家互相不联系、不交流、不讨论，甚至互不见面、互不知名，只能与调查人员联系，依据系统的程序匿名发表意见；进行多轮（两轮或两轮以上）对各专家意见的分别征求、汇总整理、匿名反馈，并在此过程中鼓励各专家根据其他专家的匿名反馈意见修改自己的意见，直至达到预先确定的停止标准（例如，已达成共识、结果已稳定、轮数）。

本书的科技成果转化效率影响因素重要性评价指标体系从政、产、研、服四个角度对科技成果转化效率影响因素进行解构。为保证客观性、准确性，并尽量保证实用性与可操作性，本书分别从政府部门、企业、高校与科研机构、科技服务机构中，遴选了从事科技成果转化相关工作或研究的专业人士，组建了科技成果转化效率影响因素重要性评价专家小组，以保障最终评价结果能尽量满足评价的专业性、复杂性需求。

德尔菲专家组共 18 名成员（半数专家跨领域，以其主要身份或当前身份分类），构成如下。

政府部门 4 人：包括科技部门、知识产权部门、工信部门、国家级高新区管委会各 1 人，均为具备多年相关管理与实践经历的人员。

企业 4 人：均是企业创办者和负责人，其中入选国家千人计划专家 2 人、入选省级千人计划专家 2 人。

科研机构和高校 5 人：包括科技成果转化（国家级大学科技园）、情报学、知识产权、经济学、制造科学与工程各领域的专家各 1 人，均为副高级以上职称的研究人员。

科技服务机构 5 人：分别来自国家级技术转移示范机构、国家部委单位下属的知识产权运营管理机构、知识产权代理机构、投资管理公司、隶属部级机构控股公司的驻外技术转移创新合作机构，均担任所在机构的负责人或执行负责人，具有丰富的从业经历与实践经验。

2）影响因素的重要性评价

具体流程如下。

第一步，问卷调查获取德尔菲专家判断矩阵。根据 4.2.2 节确定的影响因素网络结构关系，设计了调查问卷。由专家组各成员对各级影响因素按照表 4-9 的标度，两两比较相对重要性，建立判断矩阵。

第二步，群组决策运算构建综合判断矩阵。对于各专家提供的判断矩阵，通过各判断矩阵的最大特征根属性判断各专家判断力，由此为各专家的判断结果分别赋予各自的判断力权值，再通过极大似然无偏估计法集聚各专家判断意见，从而得到综合判断矩阵作为专家组的综合意见。

由于专家组成员的知识结构、认识程度不同，各自提供的判断矩阵的真实度与可信度也不相同。如何处理不同专家提供的不同判断矩阵，得出一个合理的综合判断矩阵作为最后结果进行网络层次分析运算，是直接影响 ANP 准确性的重要步骤。群组决策问题是集结一群决策者中每位决策者的偏好，形成群的偏好，由此得到群的判断方案，使之能最大程度地调和决策者意见，反映出每位决策者的偏好。目前层次分析的群组决策问题基本集中在对群组决策特征根法的研究上，主要是构建群组判断矩阵或者群组综合排序向量，其中对各位专家的定权是关键问题。专家的权值，是反映专家判断力好坏的量。

沈阳航空航天大学李宴喜和陶志[①]采用极大似然无偏估计，提出了一种群组综合构造方法，用于 AHP 中构造综合判断矩阵，实践应用中也取得了较好效果[②]。极大似然估计法是在实际中应用较为广泛的一种参数估计方法。它建立于极大似然原理基础：若已知某个参数能使这个样本出现的概率最大，于是我们不再去选择其他小概率的样本，就将这个参数作为估计的真实值。鉴于 AHP 与 ANP 对不同专家的判断矩阵进行综合处理的原理相同，本书采用了李宴喜提出的方法，用于集成各专家的判断矩阵，构建出德尔菲专家小组最终的综合判断矩阵。具体方法如下。

假定 m 个专家对同一个因素给出判断矩阵：

$$A_k = \left(a_{ij}^{(k)} \right), \quad k = 1, 2, \cdots, m \tag{4-3}$$

同时，假定存在一个完全满足一致性要求的理想判断矩阵 $A^* = (a_{ij}^*)$。而通过群组决策后得到的综合判断矩阵则应该尽可能地趋近于该理想判断矩阵 A^*，它既反映了群组意愿又与实际一致。

设专家 k 给出的判断矩阵元素 $a_{ij}^{(k)}$ 与理想判断矩阵元素 a_{ij}^* 之间的偏差为随机误差 ε_k。已有大量分析证实，一般而言随机误差服从正态分布规律，即 ε_k 服从 $N(0, \sigma_k^2)$ 的正态分布，则专家 k 对判断矩阵的元素 a_{ij}^* 的判断值为一随机变量 $\xi_{ij}^{(k)}$，且 $\xi_{ij}^{(k)} = a_{ij}^* + \varepsilon_k$，显然 $\xi_{ij}^{(k)}$ 服从 $N(a_{ij}^*, \sigma_k^2)$ 的正态分布。对专家 k 而言，尽管其对判断矩阵元素所给予的值是不确定的，但其均值为 a_{ij}^*，即[③]

$$E\xi_{ij}^{(k)} = a_{ij}^*, \quad k = 1, 2, \cdots, m \tag{4-4}$$

因此，m 位专家中任何人所给出的判断矩阵的估计值均是以 a_{ij}^* 为均值的。但由于每位专家的判断能力不同，σ_k 值不同且与专家的判断能力成反比，则专家 k 的判断力权值为

$$P_k = \frac{K^2}{\sigma_k^2}, \quad k = 1, 2, \cdots, m \tag{4-5}$$

① 李宴喜, 陶志. 层次分析法中判断矩阵的群组综合构造方法[J]. 沈阳师范学院学报（自然科学版）, 2002, 20(2): 86-90.

② 张娴, 方曙, 肖国华, 等. 专利文献价值评价模型构建及实证分析[J]. 科技进步与对策, 2011, 28(6): 127-132.

③ 陶志, 郭松青. 一种构造群组综合判断矩阵的方法[J]. 沈阳航空工业学院学报, 1997, 14(2): 51-54.

其中，K 为比例常数，进一步构造统计量：

$$\widehat{a}_{ij}^{*} = \frac{\sum_{k=1}^{m} P_k a_{ij}^{(k)}}{\sum_{k=1}^{m} P_k} \quad (4\text{-}6)$$

则由式（4-6）确定的统计量 $\widehat{a}_{ij}^{*}$ 是理想判断矩阵 A^{*} 的元素 a_{ij}^{*} 的极大似然无偏估计。

由于通常情况下 σ_k 值是未知的，在实际中可采用通过 A_k 最大特征值求取判断力权值的便宜之计。由 A_k 最大特征值 $\lambda_{\max}^{(k)}$ 定义 A_k 的一致性指标：

$$\mu_k = \frac{\lambda_{\max}^{(k)} - n}{n-1}, \quad k = 1,2,\cdots,m \quad (4\text{-}7)$$

则专家的判断能力 P_k 与 μ_k 的大小成反比。由于 μ_k 的取值是可以连续的，故 P_k 与 μ_k 之间的关系函数可表现为单调递减连续函数，可取：

$$P_k = \mathrm{e}^{-10(m-1)\mu_k} \quad (4\text{-}8)$$

将其权值规范化，则得到：

$$P_k = \frac{\mathrm{e}^{-10(m-1)\mu_k}}{\sum_{k=1}^{m} \mathrm{e}^{-10(m-1)\mu_k}} \quad (4\text{-}9)$$

至此，根据式（4-6）、式（4-7）、式（4-9）[①]，可由 18 位专家判断矩阵一致性指标获取 18 位专家的判断力权值，再经极大似然无偏估计确定本章中科技成果转化效率影响因素重要性评价的综合判断矩阵元素。

第三步，求取超矩阵、加权超矩阵、极限超矩阵。根据 ANP 计算步骤，利用 Super Decisions 软件（Windows 系统 2.10 版）计算指标权重：将各个指标所对应关系的综合判断矩阵分别输入 Super Decisions 软件，通过一致性检验后，可得到超矩阵、加权超矩阵、极限超矩阵以及各二级指标的最终权重。

各级影响因素在不同的准则下进行两两比较的综合判断矩阵如图 4-5～图 4-13 所示（判断矩阵数量较多，限于篇幅，本书仅作部分反映）；得到的超矩阵、加权超矩阵、极限超矩阵分别如表 4-11～表 4-13 所示。

---

① 李宴喜，陶志. 层次分析法中判断矩阵的群组综合构造方法[J]. 沈阳师范学院学报（自然科学版），2002，20(2): 86-90.

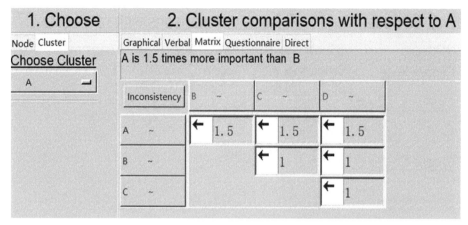

图 4-5　以 A 为准则比较一级指标 A、B、C、D 相对重要度的判断矩阵

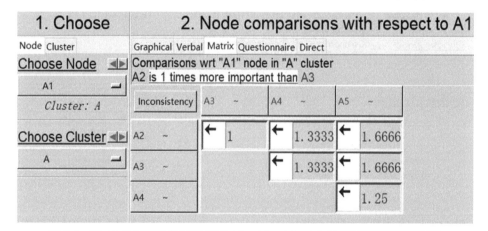

图 4-6　以 A1 为准则比较二级指标 A2、A3、A4、A5 相对重要度的判断矩阵

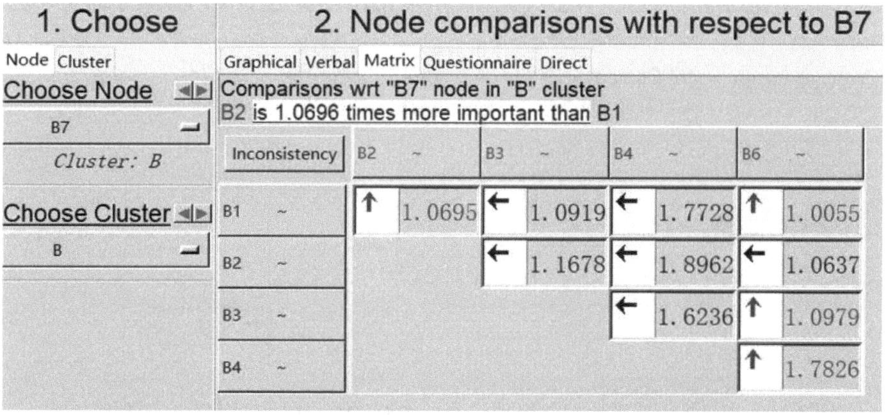

图 4-7　以 B7 为准则比较二级指标 B1、B2、B3、B4、B6 相对重要度的判断矩阵

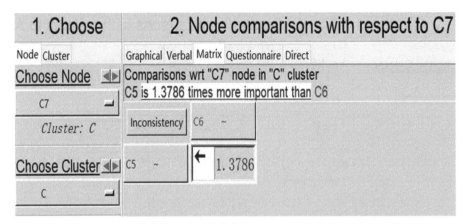

图 4-8　以 C7 为准则比较二级指标 C5、C6 相对重要度的判断矩阵

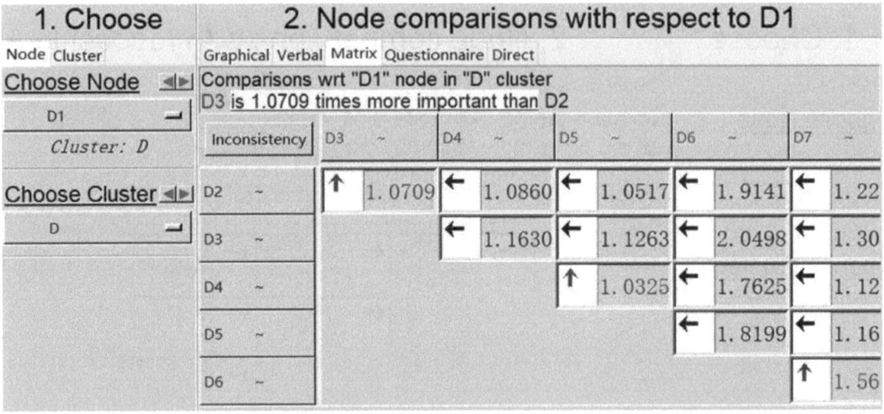

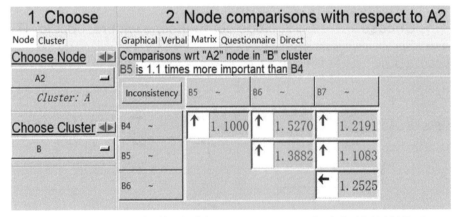

图 4-9　以 D1 为准则比较二级指标 D2、D3、D4、D5、D6、D7 相对重要度的判断矩阵

图 4-10　以 A2 为准则比较二级指标 B4、B5、B6、B7 相对重要度的判断矩阵

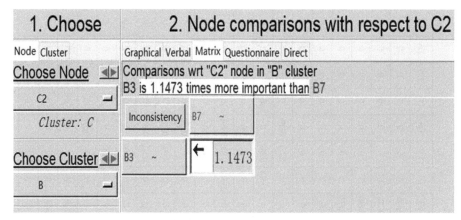

图 4-11　以 C2 为准则比较二级指标 B3、B7 相对重要度的判断矩阵

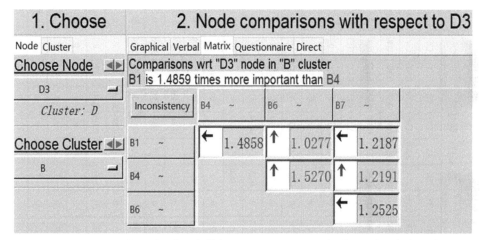

图 4-12　以 D3 为准则比较二级指标 B1、B4、B6、B7 相对重要度的判断矩阵

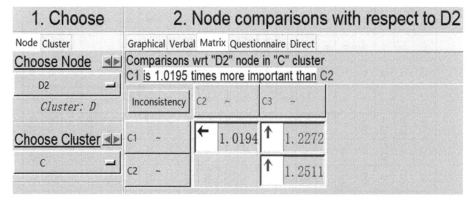

图 4-13　以 D2 为准则比较二级指标 C1、C2、C3 相对重要度的判断矩阵

表 4-11　超矩阵

指标	A1	A2	A3	A4	A5	A6	B1	B2	B3	B4	B5	B6	B7	C1	C2	C3	C4	C5	C6	C7	D1	D2	D3	D4	D5	D6	D7
A1	0	0.333	0.364	0.366	0	0	0	0	0	0.346	0.346	0.346	0.346	0.346	0.346	0.346	0.346	0.346	0.346	0.346	0	0	0	0	0	0	0
A2	0.299	0	0.273	0.244	0	0	0	0	0	0.240	0.240	0.240	0.240	0.240	0.240	0.240	0.240	0.240	0.240	0.240	0	0	0	0	0	0	0
A3	0.299	0.250	0	0.244	0	0	0	0	0	0.240	0.240	0.240	0.240	0.240	0.240	0.240	0.240	0.240	0.240	0.240	0	0	0	0	0	0	0
A4	0.224	0.167	0.244	0	0	0	0	0	0	0.173	0.173	0.173	0.173	0.173	0.173	0.173	0.173	0.173	0.173	0.173	0	0	0	0	0	0	0
A5	0.179	0.167	0.182	0.146	0	0	0	0	0	0	0	0	0	0	0	0	0	0	0	0	0	0	0	0	0	0	0
A6	0	0.083	0	0	0	0	0	0	0	0	0	0	0	0	0	0	0	0	0	0	0	0	0	0	0	0	0
B1	0	0	0	0	0	0	0	0.258	0.220	0.231	0	0.242	0.220	0	0	0	0	0	0	0	0	0.231	0.284	0	0	0	0
B2	0	0	0	0	0	0	0.249	0	0.230	0.236	0	0.252	0.235	0	0	0	0	0	0	0	0.618	0.252	0	0	0	0	0
B3	0	0	0	0	0	0	0.193	0.211	0	0.178	0	0.220	0.201	0.534	0.534	0	0	0	0	0	0	0	0	0	0	0	0
B4	0.206	0.206	0.206	0.206	1.000	0	0.164	0.176	0.183	0	0	0.126	0.124	0	0	0	0.452	0	0	0	0.382	0.156	0.191	0	0	0	0
B5	0.227	0.227	0.227	0.227	0	0	0	0	0	0	0	0	0	0	0	0	0	0	0	0	0	0.171	0	0	0	0	0
B6	0.315	0.315	0.315	0.315	0	0	0.198	0.211	0.187	0.204	0	0	0.221	0	0	0	0.548	0	0	0	0	0	0.292	0	0	0	0
B7	0.252	0.252	0.252	0.252	0	0	0.196	0.145	0.180	0.151	0	0.159	0	0.466	0.466	1.000	0	0	0	0	0	0.190	0.233	0	0	0	0
C1	0.161	0.161	0.142	0.142	0	0	0	0	0	0	0	0	0	0	0.305	0.330	0.298	0	0	0	0	0.312	0.493	0	0	0	0
C2	0.148	0.148	0.142	0.142	0	0	0	0	0	0	0	0	0	0.288	0	0.333	0.314	0	0	0	0	0.306	0	0	0	0	0
C3	0.162	0.162	0.165	0.165	0	0	0	0	0	0	0	0	0	0.396	0.384	0	0.387	0	0	0	0	0.383	0.507	0	0	0	0
C4	0.135	0.135	0.139	0.139	0	0	0	0	0	0	0	1.000	0	0.316	0.311	0.338	0	0	0	0	1.000	0	0	0	0	0	0
C5	0.142	0.142	0.149	0.149	0	0	0	0	0	0	0	0	0	0	0	0	0	0	0.427	0.580	0	0	0	0	0	0	0
C6	0.117	0.117	0.116	0.116	0	0	0	0	0	0	0	0	0	0	0	0	0	0.531	0	0.420	0	0	0	0	0	0	0
C7	0.136	0.136	0.148	0.148	0	0	0	0	0	0	0	0	0	0	0	0	0	0.469	0.573	0	0	0	0	0	0	0	0

续表

指标	A1	A2	A3	A4	A5	A6	B1	B2	B3	B4	B5	B6	B7	C1	C2	C3	C4	C5	C6	C7	D1	D2	D3	D4	D5	D6	D7
D1	0.179	0.179	0.179	0.179	0	0	0	0	0	0	0	0	0	0	0	0	0	0	0	0	0	0.206	0.203	0.208	0.184	0.200	0.216
D2	0.149	0.149	0.149	0.149	0	0	0	0	0	0	0	0	0	0	0	0	0	0	0	0	0.189	0	0.178	0.182	0.154	0.176	0.187
D3	0.157	0.157	0.157	0.157	0	0	0	0	0	0	0	0	0	0	0	0	0	0	0	0	0.203	0.197	0	0.203	0.175	0.184	0.198
D4	0.165	0.165	0.165	0.165	1.000	0	0	0	0	0	0	0	0	0	0	0	0	0	0	0	0.174	0.182	0.187	0	0.198	0.191	0.192
D5	0.123	0.123	0.123	0.123	0	0	0	0	0	0	0	0	0	0	0	0	0	0	0	0	0.180	0.178	0.175	0.162	0	0.106	0.103
D6	0.093	0.093	0.093	0.093	0	0	0	0	0	0	0	0	0	0	0	0	0	0	0	0	0.099	0.093	0.120	0.099	0.154	0	0.104
D7	0.134	0.134	0.134	0.134	0	0	0	0	0	0	0	0	0	0	0	0	0	0	0	0	0.155	0.145	0.138	0.146	0.134	0.144	0

表4-12 加权超矩阵

指标	A1	A2	A3	A4	A5	A6	B1	B2	B3	B4	B5	B6	B7	C1	C2	C3	C4	C5	C6	C7	D1	D2	D3	D4	D5	D6	D7
A1	0	0.111	0.121	0.122	0	0	0	0	0	0.208	0.346	0.140	0.208	0.115	0.115	0.115	0.115	0.173	0.173	0.173	0	0	0	0	0	0	0
A2	0.100	0	0.091	0.081	0	0	0	0	0	0.144	0.240	0.097	0.144	0.080	0.080	0.080	0.080	0.120	0.120	0.120	0	0	0	0	0	0	0
A3	0.100	0.083	0	0.081	0	0	0	0	0	0.144	0.240	0.097	0.144	0.080	0.080	0.080	0.080	0.120	0.120	0.120	0	0	0	0	0	0	0
A4	0.075	0.056	0.061	0	0	0	0	0	0	0.104	0.173	0.070	0.104	0.058	0.058	0.058	0.058	0.087	0.087	0.087	0	0	0	0	0	0	0
A5	0.060	0.056	0.061	0.049	0	0	0	0	0	0	0	0	0	0	0	0	0	0	0	0	0	0	0	0	0	0	0
A6	0	0.028	0	0	0	0	0	0	0	0	0	0	0	0	0	0	0	0	0	0	0	0	0	0	0	0	0
B1	0	0	0	0	0	0	0	0.258	0.220	0.092	0	0.065	0.088	0	0	0	0	0	0	0	0	0.077	0.095	0	0	0	0
B2	0	0	0	0	0	0	0.249	0	0.230	0.094	0	0.068	0.094	0	0.178	0	0	0	0	0	0.206	0.084	0	0	0	0	0
B3	0	0	0	0	0	0	0.193	0.211	0	0.071	0	0.060	0.080	0.178	0	0	0	0	0	0	0	0	0.064	0	0	0	0
B4	0.046	0.046	0.046	0.046	0.500	0	0.164	0.176	0.183	0	0	0.034	0.050	0	0	0	0.151	0	0	0	0.127	0.052	0	0	0	0	0
B5	0.050	0.050	0.050	0.050	0	0	0	0.211	0.187	0.082	0	0.043	0	0	0	0	0	0	0	0	0	0.057	0.097	0	0	0	0
B6	0.070	0.070	0.070	0.070	0	0	0.198	0.145	0.180	0.060	0	0	0.088	0	0	0	0.183	0	0	0	0	0	0.078	0	0	0	0
B7	0.056	0.056	0.056	0.056	0	0	0.196	0	0	0	0	0	0	0	0	0	0	0	0	0	0	0.063	0.164	0	0	0	0
C1	0.036	0.036	0.031	0.031	0	0	0	0	0	0	0	0	0	0.155	0.155	0.110	0.099	0	0	0	0	0.104	0	0	0	0	0
C2	0.033	0.033	0.031	0.031	0	0	0	0	0	0	0	0	0	0.096	0.102	0.111	0.105	0	0	0	0	0.102	0	0	0	0	0
C3	0.036	0.036	0.037	0.037	0	0	0	0	0	0	0	0	0	0.132	0.128	0.333	0.129	0	0	0	0.333	0.128	0.169	0	0	0	0
C4	0.030	0.030	0.031	0.031	0	0	0	0	0	0	0	0.324	0	0.105	0.104	0.113	0	0	0	0	0	0	0	0	0	0	0
C5	0.032	0.032	0.033	0.033	0	0	0	0	0	0	0	0	0	0	0	0	0	0	0.214	0.290	0	0	0	0	0	0	0
C6	0.026	0.026	0.026	0.026	0	0	0	0	0	0	0	0	0	0	0	0	0	0.266	0	0.210	0	0	0	0	0	0	0
C7	0.030	0.030	0.033	0.033	0	0	0	0	0	0	0	0	0	0	0	0	0	0.234	0.286	0	0	0	0	0	0	0	0

续表

指标	A1	A2	A3	A4	A5	A6	B1	B2	B3	B4	B5	B6	B7	C1	C2	C3	C4	C5	C6	C7	D1	D2	D3	D4	D5	D6	D7
D1	0.040	0.040	0.040	0.040	0	0	0	0	0	0	0	0	0	0	0	0	0	0	0	0	0	0.069	0.068	0.208	0.184	0.200	0.216
D2	0.033	0.033	0.033	0.033	0	0	0	0	0	0	0	0	0	0	0	0	0	0	0	0	0.063	0	0.059	0.182	0.154	0.176	0.187
D3	0.035	0.035	0.035	0.035	0	0	0	0	0	0	0	0	0	0	0	0	0	0	0	0	0.068	0.066	0	0.203	0.175	0.184	0.198
D4	0.037	0.037	0.037	0.037	0.500	0	0	0	0	0	0	0	0	0	0	0	0	0	0	0	0.058	0.061	0.062	0	0.198	0.191	0.192
D5	0.027	0.027	0.027	0.027	0	0	0	0	0	0	0	0	0	0	0	0	0	0	0	0	0.060	0.059	0.058	0.162	0	0.106	0.103
D6	0.021	0.021	0.021	0.021	0	0	0	0	0	0	0	0	0	0	0	0	0	0	0	0	0.033	0.031	0.040	0.099	0.154	0	0.104
D7	0.030	0.030	0.030	0.030	0	0	0	0	0	0	0	0	0	0	0	0	0	0	0	0	0.052	0.048	0.046	0.146	0.134	0.144	0

表 4-13　极限超矩阵

指标	A1	A2	A3	A4	A5	A6	B1	B2	B3	B4	B5	B6	B7	C1	C2	C3	C4	C5	C6	C7	D1	D2	D3	D4	D5	D6	D7
A1	0.086	0.086	0.086	0.086	0.086	0	0.086	0.086	0.086	0.086	0.086	0.086	0.086	0.086	0.086	0.086	0.086	0.086	0.086	0.086	0.086	0.086	0.086	0.086	0.086	0.086	0.086
A2	0.064	0.064	0.064	0.064	0.064	0	0.064	0.064	0.064	0.064	0.064	0.064	0.064	0.064	0.064	0.064	0.064	0.064	0.064	0.064	0.064	0.064	0.064	0.064	0.064	0.064	0.064
A3	0.063	0.063	0.063	0.063	0.063	0	0.063	0.063	0.063	0.063	0.063	0.063	0.063	0.063	0.063	0.063	0.063	0.063	0.063	0.063	0.063	0.063	0.063	0.063	0.063	0.063	0.063
A4	0.047	0.047	0.047	0.047	0.047	0	0.047	0.047	0.047	0.047	0.047	0.047	0.047	0.047	0.047	0.047	0.047	0.047	0.047	0.047	0.047	0.047	0.047	0.047	0.047	0.047	0.047
A5	0.015	0.015	0.015	0.015	0.015	0	0.015	0.015	0.015	0.015	0.015	0.015	0.015	0.015	0.015	0.015	0.015	0.015	0.015	0.015	0.015	0.015	0.015	0.015	0.015	0.015	0.015
A6	0.002	0.002	0.002	0.002	0.002	0	0.002	0.002	0.002	0.002	0.002	0.002	0.002	0.002	0.002	0.002	0.002	0.002	0.002	0.002	0.002	0.002	0.002	0.002	0.002	0.002	0.002
B1	0.043	0.043	0.043	0.043	0.043	0	0.043	0.043	0.043	0.043	0.043	0.043	0.043	0.043	0.043	0.043	0.043	0.043	0.043	0.043	0.043	0.043	0.043	0.043	0.043	0.043	0.043
B2	0.047	0.047	0.047	0.047	0.047	0	0.047	0.047	0.047	0.047	0.047	0.047	0.047	0.047	0.047	0.047	0.047	0.047	0.047	0.047	0.047	0.047	0.047	0.047	0.047	0.047	0.047
B3	0.042	0.042	0.042	0.042	0.042	0	0.042	0.042	0.042	0.042	0.042	0.042	0.042	0.042	0.042	0.042	0.042	0.042	0.042	0.042	0.042	0.042	0.042	0.042	0.042	0.042	0.042
B4	0.063	0.063	0.063	0.063	0.063	0	0.063	0.063	0.063	0.063	0.063	0.063	0.063	0.063	0.063	0.063	0.063	0.063	0.063	0.063	0.063	0.063	0.063	0.063	0.063	0.063	0.063
B5	0.015	0.015	0.015	0.015	0.015	0	0.015	0.015	0.015	0.015	0.015	0.015	0.015	0.015	0.015	0.015	0.015	0.015	0.015	0.015	0.015	0.015	0.015	0.015	0.015	0.015	0.015
B6	0.067	0.067	0.067	0.067	0.067	0	0.067	0.067	0.067	0.067	0.067	0.067	0.067	0.067	0.067	0.067	0.067	0.067	0.067	0.067	0.067	0.067	0.067	0.067	0.067	0.067	0.067
B7	0.069	0.069	0.069	0.069	0.069	0	0.069	0.069	0.069	0.069	0.069	0.069	0.069	0.069	0.069	0.069	0.069	0.069	0.069	0.069	0.069	0.069	0.069	0.069	0.069	0.069	0.069
C1	0.028	0.028	0.028	0.028	0.028	0	0.028	0.028	0.028	0.028	0.028	0.028	0.028	0.028	0.028	0.028	0.028	0.028	0.028	0.028	0.028	0.028	0.028	0.028	0.028	0.028	0.028
C2	0.023	0.023	0.023	0.023	0.023	0	0.023	0.023	0.023	0.023	0.023	0.023	0.023	0.023	0.023	0.023	0.023	0.023	0.023	0.023	0.023	0.023	0.023	0.023	0.023	0.023	0.023
C3	0.038	0.038	0.038	0.038	0.038	0	0.038	0.038	0.038	0.038	0.038	0.038	0.038	0.038	0.038	0.038	0.038	0.038	0.038	0.038	0.038	0.038	0.038	0.038	0.038	0.038	0.038
C4	0.045	0.045	0.045	0.045	0.045	0	0.045	0.045	0.045	0.045	0.045	0.045	0.045	0.045	0.045	0.045	0.045	0.045	0.045	0.045	0.045	0.045	0.045	0.045	0.045	0.045	0.045
C5	0.016	0.016	0.016	0.016	0.016	0	0.016	0.016	0.016	0.016	0.016	0.016	0.016	0.016	0.016	0.016	0.016	0.016	0.016	0.016	0.016	0.016	0.016	0.016	0.016	0.016	0.016
C6	0.014	0.014	0.014	0.014	0.014	0	0.014	0.014	0.014	0.014	0.014	0.014	0.014	0.014	0.014	0.014	0.014	0.014	0.014	0.014	0.014	0.014	0.014	0.014	0.014	0.014	0.014
C7	0.016	0.016	0.016	0.016	0.016	0	0.016	0.016	0.016	0.016	0.016	0.016	0.016	0.016	0.016	0.016	0.016	0.016	0.016	0.016	0.016	0.016	0.016	0.016	0.016	0.016	0.016

续表

指标	A1	A2	A3	A4	A5	A6	B1	B2	B3	B4	B5	B6	B7	C1	C2	C3	C4	C5	C6	C7	D1	D2	D3	D4	D5	D6	D7
D1	0.035	0.035	0.035	0.035	0.035	0	0.035	0.035	0.035	0.035	0.035	0.035	0.035	0.035	0.035	0.035	0.035	0.035	0.035	0.035	0.035	0.035	0.035	0.035	0.035	0.035	0.035
D2	0.030	0.030	0.030	0.030	0.030	0	0.030	0.030	0.030	0.030	0.030	0.030	0.030	0.030	0.030	0.030	0.030	0.030	0.030	0.030	0.030	0.030	0.030	0.030	0.030	0.030	0.030
D3	0.033	0.033	0.033	0.033	0.033	0	0.033	0.033	0.033	0.033	0.033	0.033	0.033	0.033	0.033	0.033	0.033	0.033	0.033	0.033	0.033	0.033	0.033	0.033	0.033	0.033	0.033
D4	0.035	0.035	0.035	0.035	0.035	0	0.035	0.035	0.035	0.035	0.035	0.035	0.035	0.035	0.035	0.035	0.035	0.035	0.035	0.035	0.035	0.035	0.035	0.035	0.035	0.035	0.035
D5	0.023	0.023	0.023	0.023	0.023	0	0.023	0.023	0.023	0.023	0.023	0.023	0.023	0.023	0.023	0.023	0.023	0.023	0.023	0.023	0.023	0.023	0.023	0.023	0.023	0.023	0.023
D6	0.018	0.018	0.018	0.018	0.018	0	0.018	0.018	0.018	0.018	0.018	0.018	0.018	0.018	0.018	0.018	0.018	0.018	0.018	0.018	0.018	0.018	0.018	0.018	0.018	0.018	0.018
D7	0.023	0.023	0.023	0.023	0.023	0	0.023	0.023	0.023	0.023	0.023	0.023	0.023	0.023	0.023	0.023	0.023	0.023	0.023	0.023	0.023	0.023	0.023	0.023	0.023	0.023	0.023

　　第四步，获取局部和全局权重。由极限超矩阵确定各影响因素在整个影响因素体系中的权重（即极限超矩阵的第二列数据）。由此，得到科技成果转化效率影响因素体系的重要性评价结果（表4-14）。

表4-14　科技成果转化效率影响因素体系重要性评价结果

一级因素	重要性评价（权重）	二级因素	重要性评价（权重）
政府作用（A）	0.2760	A1 科技成果转化相关法律法规	0.0860
		A2 科技成果转化相关政策及配套措施	0.0636
		A3 法律法规与政策措施执行力	0.0632
		A4 科技成果转化的组织保障与体系建设	0.0466
		A5 科技成果转化引导资金	0.0148
		A6 科技成果转化相关标准、规范与认证体系	0.0018
企业（技术需求方）作用（B）	0.3455	B1 新技术信息跟踪监测能力	0.0430
		B2 技术需求辨识能力	0.0471
		B3 技术承接、消化或实施能力	0.0415
		B4 技术交易成本	0.0629
		B5 企业信用	0.0148
		B6 知识产权运营管理能力	0.0671
		B7 技术布局和产品开发的中长期规划	0.0690
高校与科研机构（技术供给方）作用（C）	0.1803	C1 技术先进性	0.0283
		C2 技术成熟度	0.0231
		C3 技术的市场应用前景	0.0375
		C4 知识产权运营管理能力	0.0448
		C5 科技成果转化收益分配机制	0.0161
		C6 科技成果所有权划分政策	0.0144
		C7 人才与科研项目考评体系	0.0160
科技服务机构作用（D）	0.1983	D1 科技成果转化服务水平	0.0350
		D2 科技信息咨询服务水平	0.0304
		D3 知识产权服务水平	0.0327
		D4 科技金融服务水平	0.0354
		D5 创业孵化服务水平	0.0231
		D6 检验检测服务水平	0.0183
		D7 与政产研三方面的交流合作频率与深度	0.0234

4.2.3　结果讨论

　　从 18 位专家的评价结果来看，在四螺旋各大创新主体的层面上，企业和政府对于科技成果转化的影响较大（企业为 0.3455、政府为 0.2760），处于第一层次；高校和科研机构与科技服务机构对于科技成果转化的影响大体相当（高校与科研机构为 0.1803、科技服务机构为 0.1983），处于第二层次。专家总体意见客观地反映出了政府引导、企业主导的局面，这与科技成果转化本质上仍然是一种市场行为、需要遵循市场规律的特点是相一致的。并且，企业在四螺旋中比较活跃，从 3.2 节基于互信息的四螺旋创新协同度研究中可知，企业对协同度的促进作用明显，而本节基于 ANP 的研究结果也从另一个角度印证了企业对四螺旋科技成果转化体系的影响作用。

　　不仅从政府作用的维度来看，而且从全部二级指标来看，全部专家打分的分析结果是 A1（科技成果转化相关法律法规）最重要，占 0.0860 的权重。这既反映了法律法规对其他因素的影响范围深广，同时也比较客观地揭示了近年与科技成果转化相关的两件大事的影响：一是修订的《中华人民共和国促进科技成果转化法》和《中华人民共和国科学技术进步法》的先后颁布，带来了我国改革开放以来成果转化技术转移的新高潮；二是近年中美经贸谈判中对技术转移或科技成果转化的关注，反映了当代全球经济竞争的关键问题。

　　政府作用的其他几个方面，从专家评价得出的权重可知，A2（科技成果转化相关政策及配套措施）、A3（法律法规与政策措施执行力）、A4（科技成果转化的组织保障与体系建设）相较于 A5（科技成果转化引导资金）和 A6（科技成果转化相关标准、规范与认证体系）的作用更为重要。前三者相对于后两者而言对科技成果转化的影响更为广泛和基础。A5（科技成果转化引导资金）的影响力不如预期大，也不及 D4（科技金融服务水平）的影响力大，或许是因为从技术供需双方中的任一方来看，政府的资金并非科技成果转化的先决条件。而 A6（科技成果转化相关标准、规范与认证体系）甚至是全部 27 个指标中影响力最弱的一环，可能说明了：要么是当前的科技成果转化相关标准、规范与认证体系的实用性不强，要么是科技成果转化市场迄今还没有发展到需要这样的标准规范与认证体系的阶段。

　　从企业（技术需求方）的角度来看，专家总体意见认为 B7（技术布局和产品开发的中长期规划）、B6（知识产权运营管理能力）、B4（技术交易成本）三个因素的影响力位于第一方阵，B2（技术需求辨识能力）、B1（新技术信息跟踪监测能力）、B3（技术承接、消化或实施能力）三个因素的影响力位于第二方阵，B5（企业信用）权重最低。B7（技术布局和产品开发的中长期规划）与 B6（知识产权运营管理能力）甚至在全部 27 个影响因素中排在第二位和第三位。可以看出，B7 从战略上、B6 从管理上对企业总体和持续的科技成果转化工作发生作用，技术布局与规划直接影响科技成果转化的部署和具体操作，而知识产权问题基本上是现今国内外技术转移，尤其是国际技术转移不可或缺的重要环节，在中美贸易磋商中，技术转移和知识产权基本上都是前后紧密相连的焦点问题。B4（技术交易成本）涉及经济的成本、时间的成本、技术交易后实施不成功的风险，这是任何一个市场经济主体都不能忽视的。从几个因素的关系上讲，B1（新技术信息跟踪监测能力）是对外部前沿信息的把握，B2（技术需求辨识能力）是对自身现有不足的把握；B2 针对现有不足，B7（技术布局和产品开发的中长期规划）则针对未来所需；B3（技术承接、消化或实施能力）反映技术和生产上的可靠性，B5（企业信用）反映经营和管理上的可靠性。B5 的重要性评价较低，或许是因为它与其他因素的交互作用并不强。企业方面的大多数因素都与四螺旋中其他三螺旋的影响因素有关联，这也是企业对科技成果转化影响力总体最高的原因。

从高校与科研机构（技术供给方）的角度来看，七个影响因素大体分三个部分，第一个部分是 C4（知识产权运营管理能力），它既涉及对技术的保护、对市场运作的准备，也涉及对权利的界定，它的分值较高，既因为其本身很重要，也因为它与其他因素的关联较多，能综合多方力量对科技成果转化产生影响；第二个部分是 C1（技术先进性）、C2（技术成熟度）和 C3（技术的市场应用前景），这三个因素主要是针对技术不同方面的价值判断，从科技成果转化的角度来看，技术的市场应用前景比技术本身的先进性和成熟度更重要；第三个部分是 C5（科技成果转化收益分配机制）、C6（科技成果所有权划分政策）、C7（人才与科研项目考评体系），它们是不同角度对科研人员的激励情况，从各影响因素之间的关联来看，它们相对独立。

从科技服务机构的角度来看，从科技服务业九大方面中列举了与技术转移相对更有关系的六个方面的服务，再加上其在四螺旋中发挥协调、润滑和催化的功能，对这七个影响因素的权重，专家总体意见相对较为均衡，D4（科技金融服务水平）、D1（科技成果转化服务水平）、D3（知识产权服务水平）、D2（科技信息咨询服务水平）的重要性权重值均在 0.03 以上，而 D7（与政产研三方面的交流合作频率与深度）、D5（创业孵化服务水平）、D6（检验检测服务水平）这三个因素相对而言影响较小。需要注意的是，不同类型的科技服务之间常有合作与交流。

从上述情况看，政、产、研、服四个方面，18 位专家总体上给出的权重评价是企业作用最重要，政府作用次之，高校与科研机构和科技服务机构两个方面基本相当，各自的细分影响因素的权重也反映出四螺旋交互作用的一些特点。这些因素共同作用、交织作用，对科技成果转化效率产生影响。

4.3　基于四螺旋模型的科技成果转化信息服务重点

综合本章基于投入–产出分析模型从宏观层面对科技成果转化效率影响因素的分析结果、基于德尔菲专家调查和 ANP 从微观（操作）层面对四螺旋相互作用下的科技成果转化效率影响因素的分析结果，以及第 3 章的四螺旋创新协同度测度研究结果，总体而言，科技成果转化信息服务及其系统建设的重点是：在新兴产业或现代化产业领域内率先发展，通过线上线下多种方式和机制措施增强与四螺旋各创新主体的协同与合作，针对与信息相关的科技成果转化具体影响因素，致力于解决科技成果转化中的信息不对称问题。

具体而言，科技成果转化信息服务及其系统建设的关注点应包括以下方面。

（1）根据专家调查的分析，政府是我国科技成果转化的重要影响力量；3.2 节四螺旋协同度计量分析结果表明，科技服务机构与政府的协同度还有较大的发展空间。因此，一方面，科技成果转化信息服务可以通过智库的方式（有条件的机构自身担当智库功能）或途径（条件不足的机构加强与其他智库单位的合作）更多地为政府决策提供参考意见（包括科技成果转化方面的建议）；另一方面，科技成果转化信息服务可以联合已有较好合作基础的产业界、学术界合作伙伴共同加强与政府的联动。通过这两个方面的工作，提高协同度，促进科技成果转化。在科技成果转化信息服务系统的建设中，需要充分考虑对政府相关工作起支撑、服务和互动作用的功能模块。

（2）在产业现代化程度和地区经济发展水平相对较高的地区（一般而言也是科技与经济联系更紧密的地区）率先加大力量发展科技成果转化信息服务，先取得一定的成效后再向其他地区示范推广，带动其他地区的递进发展，这也符合科技成果转化的梯度推进规律；在对外开放程度相对较高的地区率先加强科技成果转化信息服务以促进国际技术合作与技术转移，并通过信息服务促进技术转移中的产学研组织化程度进而提高国际先进技术转移的本地承接能力，尤其在当前中美贸易摩擦对技术转移颇多限制的国际背景下积极开拓更多的民间渠道。

（3）围绕产业链，通过科技成果转化信息服务引导创新链和资金链。一方面，通过专业化信息服务帮助企业提高对新技术信息跟踪监测的能力和对自身技术需求的辨识能力，减少企业因信息不对称而额外耗费的技术交易成本；另一方面，通过专利分析、产业分析等咨询服务辅助企业开展技术布局和产品开发的中长期规划，并结合其规划和产业链各环节的情况，辨析产业链中的薄弱环节，通过科技成果转化信息服务引导优良且适合的技术以及资金进入，强链、补链、延链，促进科技成果、社会资本与产业发展需求的有效对接。

（4）围绕创新链，通过科技成果转化信息服务引导产业链和资金链。一方面，对科研成果和技术的先进性、成熟性、市场应用前景以第三方的相对客观的立场，基于数据信息分析和专家调研咨询进行判断并提出参考意见，引导企业选择、购买与其需求相适应的技术；另一方面，在大众创业万众创新的背景下，通过现代化信息手段和分析技术的加强，促进智能化、批量化的技术供需对接，并基于对技术的深度分析，引导投资机构进入，或为科技人员创业提供资金支持，或为技术从科研机构和高校向企业的许可、转让或入股以及进一步的孵化提供资金保障。

（5）信息不对称问题在科技成果转化中普遍存在，在技术交易中体现得尤其明显。根据行为经济学的观点，技术供给方往往会高估自己的科技成果价值，而技术需求方往往对该科技成果的创造性、先进性、成熟度了解不足，不能准确判断其价值；技术需求方对于自身的技术需求在很多时候或是不能清晰辨明或是不愿清晰表达以防泄密，此时技术供给方也不能很好地判断己方技术是否能解决对方问题。科技成果转化信息服务需要围绕上述信息不对称的核心问题及其成因提供相应的解决办法。

（6）除了纯粹以构筑技术壁垒为目的的知识产权保护之外，知识产权工作与科技成果转化工作较为显著地体现为上下游关系。知识产权运营管理能力在技术供需双方都是需要且重要的因素。科技成果转化信息服务一方面需要加强与知识产权工作（如知识产权代理、诉讼等多方面）的交流合作，另一方面还需要加强自身的知识产权尤其是专利的情报分析研究，以提高科技成果转化的精准性和有效性。知识产权情报研究既包括宏观的战略决策研究、规划布局研究，也包括微观的针对具体专利、专利组合和技术细分领域的分析评议研究、技术预警研究、前沿热点研究等内容。

（7）科技成果转化信息服务除了可以通过前述工作为政府、产业/企业、高校与科研机构这三支螺旋以及第四螺旋中的知识产权机构、投资金融机构发挥积极作用之外，与第四螺旋中的检验检测、创业孵化等服务可以交叉合作，并在市场机制下提供政、产、研、服多方面十多类数据信息的泛在服务，促进和催化四螺旋的协同作用与科技成果转化工作的整体推进。后文第6~7章科技成果转化信息服务系统的研究与实现也将遵循前文的分析结果和研究思路。

4.4　本章小结

根据本章运用 DEA 法和随机森林及 Tobit、GMM 等方法从宏观层面对科技成果转化投入-产出的分析评价，结合德尔菲专家调查和 ANP 从微观（操作）层面对四螺旋相互作用下的科技成果转化效率影响因素重要性的评价，可以梳理出以下主要规律和特点。

（1）在社会经济发展的宏观层面，无论用传统 DEA 方法还是两阶段 DEA 方法对投入-产出情况的分析结果来看，北京、江苏、广东的科技成果转化效率在全国都排名在前；用随机森林、Tobit、GMM 等分析科技成果转化综合效率的影响因素，反映出：产业现代化程度、地区经济发展水平、对外开放程度等因素较重要。

（2）基于德尔菲专家调查法、群组决策极大似然无偏估计运算和 ANP 的分析研究，政、产、研、服各相关领域专家的总体意见认为，在四螺旋各主体中，企业和政府对于科技成果转化的影响较大，处于第一层次；高校和科研机构与科技服务机构对于科技成果转化的影响大体相当，处于第二层次；27 个四螺旋二级因素的影响力权重从不足 1%到超过 8%，其中科技成果转化相关法律法规、技术布局和产品开发的中长期规划两个因素位居前两位，反映了它们基于与四螺旋不同主体间的关联性对于科技成果转化具有明显影响。

（3）科技成果转化信息服务立足于数据信息资源基础和信息分析咨询渠道，通过提供信息资源、成果评价、专利分析、产业研究、智库咨询等方式可以对基本上所有的科技成果转化效率影响因素发挥直接或间接作用。

根据上述情况，科技成果转化信息服务及其系统建设的重点从总体上可以归纳为：在新兴产业或现代化产业领域内率先发展，通过线上线下多种方式和机制措施增强与四螺旋各创新主体的协同与合作，针对与信息相关的科技成果转化具体影响因素，致力于解决科技成果转化中的信息不对称问题。具体而言，科技成果转化信息服务需要巩固与企业的协同、加强与政府的协同、保持与高校或科研机构及其他科技服务机构的协同；围绕产业链，引导创新链和资金链；围绕创新链，引导产业链和资金链；尤其针对技术交易中核心的信息不对称问题提供解决办法。

第5章　众创背景下的科技成果转化信息服务系统

根据 3.2 节的互信息测度分析结果，科技服务机构作为第四螺旋加入政、产、研三螺旋并形成四螺旋协同创新体系后，一方面，全方位提升了既有的协同度，充分反映出第四螺旋的催化作用；另一方面，第四螺旋与其他各螺旋的协同度尚不均衡，存在进一步提升的空间。作为协同创新的重要形式之一，技术转移日益受到国内国际的更多关注并成为中美贸易磋商的一个焦点问题，虽然在近年有所发展，但是仍然受诸多因素影响包括信息不对称问题的制约而不能更快更好地发展以适应我国经济高质量发展的要求。科技服务业范畴中由技术转移服务和科技信息咨询服务共同演化发展的科技成果转化信息服务，能够并且应当面向当前科技成果转化中的现实问题提供解决或缓解的办法，促进新发展格局中大众创业万众创新背景下的科技成果转化工作发展。因此，本章在前文分析研究基础上对基于四螺旋模型的科技成果转化信息服务系统进行研究。

5.1　概念与范畴

现有文献鲜有关于信息服务系统的定义，本章基于信息论、控制论、系统论、情报工程学观点和信息服务工作实践，给出以下定义。

信息服务系统是由数据资源、软件工具、硬件设施、专业知识等多种要素关联构成并共同创造价值，面向特定或不特定主体并应因主客观条件变化通过多种方式方法提供普遍性、多样化、粗加工或者针对性、个性化、精加工信息服务以消除或减少信息受众或用户对认知客体的不确定性，促进信息的开发、传播与有效利用，并通过各服务环节的信息传输与交互反馈推动服务功能、效率、质量正向演化或迭代的有机整体。

科技成果转化在横向上涉及多主体，在纵向上涉及多环节，其信息流覆盖全方位、贯穿全过程。本书在 1.2.1 节对技术转移和科技成果转化的概念作了比较与辨析（二者在实务中被视为基本等同）。

基于四螺旋模型的科技成果转化信息服务系统是以促进科技成果转化为宗旨，主要面向科研界和产业界同时借助政府部门力量并与科技服务业其他单元合作，围绕科技成果转化提供多层次多类别、线上线下相结合、专家智慧和现代信息技术手段相结合的专业化信息服务的系统。该系统属于第四螺旋科技服务业，是技术转移服务机构与科技信息咨询机构的交集（共建或合作），同时又服务政、产、研、服全部四螺旋；该系统既借助四螺旋协同创新的积极作用，又促进四螺旋协同创新。

科技成果转化信息服务系统以数据信息资源为基础、以应用软件工具为手段、以专家团队为支撑、以多元化多层次的信息服务为界面，形成从隐性基础到显性服务、自下而上的工作体系；以自身的专业化人员为核心、以外部的多领域专家为延展，形成由里而外的工作网络；结合基于互联网虚拟空间的线上服务与基于实体环境物理空间的线下服务，形成虚实结合、线上线下交织的工作模式。

5.2　建设总体理念

5.2.1　建设宗旨

通过不断优化完善的科技成果转化信息服务工作体系、工作网络和工作模式，加强信息服务对政府、公司企业、高校与科研机构、其他科技服务机构在科技成果转化相关工作方面的支撑、保障和引导、促进作用，促进四螺旋协同度的提升，解决或者缓解科技成果转化工作中与信息相关的障碍和瓶颈问题，让信息流逐步引导技术流、资金流、人才流，疏通科技成果向现实生产力转化的通道，提升科技成果转化的效率与质量，促进科技成果转化的发展。

5.2.2　建设原则

1. 问题导向

针对第 4 章研究总结得到的影响科技成果转化成效的关键因素，尤其是其中能够通过信息服务解决或者缓解的问题，有的放矢、实事求是地加强系统建设与服务，补齐短板，贯穿信息服务链条。

2. 联动协同

在科技服务机构与政、产、研已有较好协同度的基础上，一方面，加强科技成果转化信息服务系统与政府、公司企业、高校与科研机构、科技服务中金融与中介等其他系统的联动协同；另一方面，又要通过信息服务促进政、产、研、服之间的联动协同，发挥四螺旋合力优势。

3. 增值造血

面向国民经济主战场，改革运行机制，在政府引导下，发挥市场在科技成果转化中的重要作用，在普惠服务的基础上加强增值服务，在财政经费的扶持下加强从市场盈利的造血功能，促进自身的可持续发展。

4. 兼容开放

不仅与外部创新主体保持联动协同，还要打破系统本身的内循环，在数据组织、技术开发、团队建设、工作模式等方面保持开放性，主动和善于吸收与兼容外部的养分，不断适应科技、经济和国内外竞争形势的新发展。

5.2.3　建设思路

科技成果转化信息服务系统的具体建设，需要引入情报工程学的理念。

大数据时代的来临，从研究的对象、方法、工具、目标和环境等方面都对情报学提出了新的要求。在此背景下，贺德方于 2009 年率先提出"事实型数据+专用方法工具+专家智慧"[①]情报工程范式，其作为一种方法论，正是对情报学应新时代要求的发展。情报工程是将工程化与系统化的思维融入情报研究所涉及的构成要素、工作流程、组织管理之中而形成的情报研究方法论和新范式。情报工程以任务目标为导向，以数据信息为基础，以情报理论为指导，以软件算法为工具，以专家智慧为佐助，以网络平台为载体，针对用户的个性化需求，用工程化模式进行研究工作，完成全过程的情报研究和知识服务，提供研究任务的解决方案。情报工程既强调工程化的流程规范化、管理标准化、输入输出可重现性，也强调系统化的关联、协同与统筹，它具有规范化、系统化、协同化、集成化、自动化、大数据化等特征[②]。当情报工程的重心在于服务国家创新战略时，要利用政产学用来创新网络，重视协同工具的研发[③]。从上述概念和特征来看，情报工程天然地契合四螺旋协同创新的理念和科技成果转化信息服务系统建设的要求。情报工程的思维与基于四螺旋模型的科技成果转化信息服务系统的建设思路高度契合，如表 5-1 所示[④]。

---

① 贺德方. 基于事实型数据的科技情报研究工作思考[J]. 情报学报, 2009, 28(5): 764-770.
② 贺德方. 工程化思维下的科技情报研究范式：情报工程学探析[J]. 情报学报, 2014, 33(12): 1236-1241.
③ 朱礼军, 段黎萍, 赵婧. 面向创新战略的情报工程理论方法与挑战[J]. 情报工程, 2016, 2(2): 26-33.
④ 肖国华, 詹文青, 杨云秀, 等. 情报工程视角下四螺旋协同创新信息平台建设研究[J]. 情报科学, 2020, 38(1): 147-152, 161.

表 5-1　情报工程思维与科技成果转化信息服务系统建设思路比较

思路维度	情报工程思维	科技成果转化信息服务系统建设思路
信息资源	为适应决策环境的复杂变化，不仅要关注与待决策问题直接相关的数据信息，也要关注与问题产生背景相关的其他数据信息，信息多寡直接影响决策质量或解决问题的水平	数据信息资源是基于四螺旋模型的科技成果转化信息服务系统的基石，若干主要功能模块能否有效运行取决于数据信息的丰沛程度；同时，协同创新也强调信息资源的共建共享与集成
软件工具	面对海量的数据信息，尤其在大数据环境下，必须要在传统的情报分析方法和工具基础上，大幅度、大跨度地增加对先进算法和先进软件工具的开发与广泛应用	必须考虑互联网和移动互联网的环境，必须考虑大数据和云计算以及人工智能的技术影响，并在数据处理和在线服务上都要加强软件工具的开发与应用
专家智慧	情报研究与服务在现有的技术条件下尚远不能实现自动化的精准、深入的知识服务。因此，需要借助专家智慧来完成专业化的深度服务，并与数据分析互为补充	高质量服务需要各创新主体的人才专家。与科技成果转化相关的科技成果评价与推荐、专利技术情报分析与专利组合构建、产业技术与产业链情报分析、政策解读、金融服务等重要工作都需要专家智慧
系统网络	个人能力的重要性减弱。强调规范化、标准化、模块化、协同化、集成化、大数据化和输入输出可重现性。强调系统工程、组件之间的关联以及系统的处理过程[①]	系统由各模块构成，并兼顾线上线下服务。系统在建设运营时与政、产、研及第四螺旋的其他机构都有交流合作关系，其目标是开放的、网络化的自组织系统

　　下面对基于四螺旋模型的科技成果转化信息服务系统的建设与运行任务进行具体阐述。这些任务围绕政、产、研、服各螺旋的侧重点各有不同，针对的科技成果转化效率影响因素或瓶颈问题也各有不同，共同组成一个较全面和成体系的服务系统。

5.3　科技成果转化信息服务系统的建设任务

5.3.1　信息组织与数据库建设

　　数据信息是系统建设的基石，科技成果转化数据库群建设的数量和质量直接影响科技成果转化各类信息服务的水平与功能。相关数据资源主要包括：①科技类数据，如专利数据库、科技成果数据库、新产品新技术数据库[②]、标准数据库（包

---

① 乔晓东, 朱礼军, 李颖, 等. 大数据时代的技术情报工程[J]. 情报学报, 2014, 33(12): 1255-1263.
② 一般指经过经济和信息化厅或工业和信息化厅组织鉴定通过后的新产品、新技术，有时也包括新工艺、新材料、新设备。

括国家标准、行业标准、地区标准等）、科研项目数据库，以及其他科技文献数据库等；②经济类数据，如宏观经济数据库、行业经济数据库、年报数据库、证券数据库、基金数据库等；③咨询类数据，如行业研究报告数据库、券商报告数据库、产业技术分析报告数据库等；④法规政策类数据，如法律法规数据库、创新政策数据库、产业政策数据库、科技金融政策数据库、税收专题政策数据库等；⑤机构类数据，如科研机构数据库、高校院系数据库、高新企业数据库、投资与金融机构数据库、中介机构数据库等；⑥人才类数据，如科研专家数据库、智库专家数据库、企业家数据库、技术经理人和技术经纪人数据库等；⑦设施类数据，如共享仪器数据库、设备租赁数据库等。上述数据库大多可以购买，小部分可根据具体服务对象的需求或特点自建。有些数据库可以进一步细化，比如，可以根据区域或主题建设专题专利数据库，如人工智能专利数据库。以上数据资源相对独立于系统运行，多可于系统建设初期购置完成或一次性建设完成，后期做好维护更新即可。上述数据或由政、产、研、服中的某类创新主体产生、组织、提供，或由政府部门或商业机构对不同创新主体的数据进行搜集、组织再统一提供。上述数据的使用者或服务对象广泛分布于政、产、研、服各创新主体中。

另外还有在系统运行中逐渐形成的数据：①用户行为类数据，这是目前大数据分析适用最广的领域，主要搜集和积累每位用户在网站上的访问、操作、停留时间、检索事项、浏览内容、咨询问题、实际交易、信用评价等记录，如用户行为数据库、技术交易数据库、用户信用数据库等；②信息发布类数据，如待售技术数据库、技术需求数据库、难题招标数据库等；③原始搜集类数据，如实地调研数据库、专家访谈数据库等；④视频演示类数据，如成果演示数据库、路演现场数据库等；⑤运行成效类数据，如技术合同数据库、技术成交数据库、科技成果转化与创新创业案例库等。

此外，系统共建单位或参与单位的其他可共享信息也是系统的信息资源的重要组成部分[①]。

科技成果转化信息服务系统的主要数据资源构成如图 5-1 所示。

建立分级权限管理机制对数据进行管理。对于基本的一般性数据，面向所有人员开放；涉及报价和交易金额、技术许可或转让合同、用户信用评级、人员联系方式等信息，需要注册用户登录后根据其权限酌情开放甚至完全只限于内部管理人员掌握。

---

① 本节在笔者论文《情报工程视角下四螺旋协同创新信息平台建设研究》（肖国华等著，2020 年发表于《情报科学》）基础上略有补充。

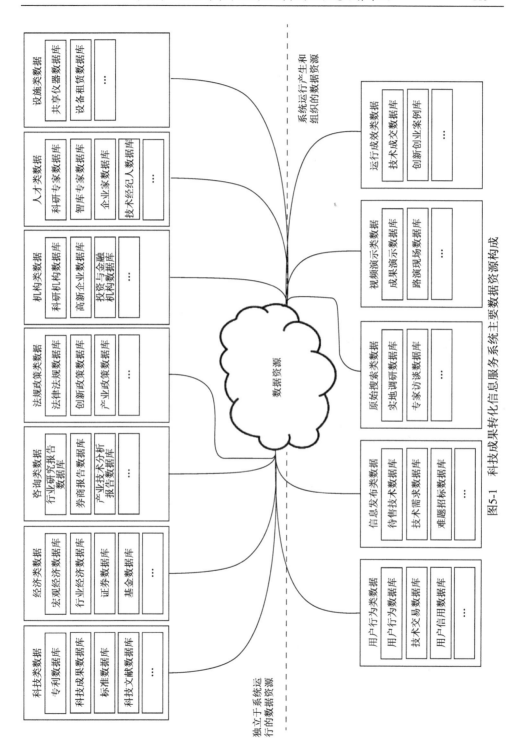

图5-1　科技成果转化信息服务系统主要数据资源构成

形成事前诊断、事中控制、事后分析的数据安全管理策略，从数据库存储安全、维护安全、应用安全等多角度进行防范，通过用户标识与鉴别、授权、视图定义与查询修改、存取控制、数据加密以及安全审计等多种方法加强数据库的安全性控制，尽可能地杜绝数据非法访问。为防止数据被恶意下载或使用，针对大量数据访问浏览实行账户管理，大量数据的访问只对注册用户开放。

5.3.2　软件工具集成应用与开发

为促进四螺旋各创新主体间的交流与合作，针对科技成果转化在操作层面各影响因素下发挥积极作用，同时也为促进科技成果转化服务的自动化、智能化发展，在信息服务系统建设中进行相关软件工具的集成应用与开发。从针对前述科技成果转化各影响因素的角度来看（互有交叉），软件工具有以下几种。

（1）与政府作用各影响因素相关的软件工具主要是科技成果转化政策图谱分析系统、科技金融信息服务系统。

（2）与企业对新技术信息跟踪监测能力相关的软件工具主要包括技术供需信息采集发布系统、新技术新产品与市场动态信息监测系统、科技成果在线展会系统、个性化信息智能推送系统。

（3）与企业技术需求辨识能力相关的软件工具主要包括技术供需信息自动关联分析系统、科技成果转化主体关联分析系统、专利技术可视化分析系统、主题研究报告自动生成系统、技术交易大数据分析系统。

（4）与企业的技术承接、消化或实施能力相关的软件工具主要是企业技术创新能力与承接能力评估系统。

（5）与技术交易成本相关的软件工具包括个性化信息智能推送系统、科技成果在线展会系统、技术在线交易与在线竞价系统、科技成果转化移动终端服务系统。

（6）与企业的知识产权运营管理能力相关的软件工具主要是专利组合分析推荐系统。

（7）与技术先进性相关的软件工具主要是科技成果评价专家维基系统、技术研发众包服务系统。

（8）与技术成熟度相关的软件工具包括科技成果评价专家维基系统、技术研发众包服务系统、科技成果转化实施远程监测与专家跟踪指导系统。

（9）与技术的市场应用前景相关的软件工具包括科技成果评价专家维基系统、专利组合分析推荐系统。

（10）与高校和科研机构的知识产权运营管理能力相关的主要是科技成果评价专家维基系统、专利组合分析推荐系统。

（11）与高校和科研机构研究人员个人的科技成果所有权划分政策、科技成果转化收益分配机制、人才与科研项目考评体系相关的软件工具主要是科技成果转化政策图谱分析系统。

（12）与知识产权服务水平相关的软件工具包括专利组合分析推荐系统、科技成果评价专家维基系统、专利技术可视化分析系统。

（13）与科技金融服务水平相关的软件工具主要是科技金融信息服务系统。

（14）与政产研三方面的交流合作频率与深度相关的软件工具包括社会网络分析系统、科技成果转化移动终端服务系统。

（15）而上述软件工具基本上都与科技成果转化服务水平和科技信息咨询服务水平这两大影响因素相关。

从与四螺旋各创新主体的相关性来看，上述软件工具可分为以下四类。

1. 与企业、高校和科研机构相关的软件工具

1）技术供需信息采集发布系统

对技术供给和技术需求双边信息的掌握是开展技术转移工作的首要条件。建设技术供需信息采集发布系统，即是对此要求的响应。该建设任务对技术转移主体，包括科研机构和高校、企业尤其是技术型企业、技术转移服务机构或中介机构及技术经理人经纪人、产业园区管委会甚至政府管理部门现实的技术供需信息进行采集发布。信息采集发布分三种方式：①用户/相关主体可通过自身账号在系统内进行及时的信息发布或推送，由系统管理员统一审核，按照元数据、关键词标引形式分别汇编入库；②通过购买、授权或合作的方式，与相关机构建立数据接口，主动采集其统计的专利技术、科技成果、技术需求、技术难题等数据信息；③通过实地调研走访座谈、问卷反馈等形式，获取第一手数据，并将数据加工整理入库、按权限在系统发布。

前文 5.3.1 节所述的大多数数据信息的采集和数据库建设均由技术供需信息采集发布系统来完成。针对不同类型数据和技术转移工作的特点，分别建立供需信息的标准化格式，并设计信息发布的可视化分层结构，以便用户方便、快捷、准确地获取相关信息。

在供需信息的发布方面，除了提供传统的标准化字段的发布模式外，还可让技术专利提供方对拟交易的技术的功能特点进行二次编辑描述，以便让该专业领域以外的用户更容易理解技术内容，且不至于过度泄露技术信息；对于需求信息的辨识和描述，可由具有专业技术背景的团队接受有偿委托，根据需求方的描述进行相对更精确的撰写。

技术供需信息不仅是高度专业化的信息，而且还是具有一定时效性的信息。为保证系统所采集数据的有效性和准确性，可设定数据动态更新机制，定时或不

定时对系统内的数据进行校对、核查，定期对系统中的过期信息删除或修改更新，及时将最新的技术供需信息在系统进行发布。

2）技术供需信息自动关联分析系统

人工对技术供需信息有效对接的判别，在两种情况下难度极大，一是技术供给或技术需求的信息量很大，二是委托的技术对接意向数量很大（如大众创业万众创新中关于科技成果转化的需求），在此情况下就需要有更加自动化甚至智能化的技术供需信息关联分析工具。国内外尚无成熟的相关软件应用。笔者主持的课题对此进行了一些初步的探索研究[①②]。

该系统的自动关联原理是基于语义 TRIZ（теория решения изобретательских задач，发明问题解决理论）对技术供需信息的语义匹配。该系统设置了专业科技服务人员的元数据标准制定与信息审核发布功能，以提高技术供需信息的准确性和完备性；抽取相关技术信息词组表示科技成果与专利技术实现的技术功能、解决的技术问题、达到的技术效果，以及技术需求想要实现的技术功能、想要解决的技术问题、想要达到的技术效果，以这些技术信息词组作为科技成果和技术需求的文本特征与语义索引，根据文本相似度计算实现技术供需信息的相似程度，实现技术供需信息自动关联。该系统侧重于挖掘科技成果与技术需求语义层面的信息，注重信息搜集之后的应用场景。

3）科技成果转化主体关联分析系统

四螺旋各主体所掌握信息的不对称，是科技成果转化效率影响因素之一。信息不对称一方面源于信息渠道的差异性，另一方面源于四螺旋各主体知识背景的不同，后者使得科技成果转化主体快速识别与自身情况匹配的供需信息的能力不对称。

构建科技成果转化主体关联分析系统有助于解决这个问题。该系统通过对技术难题、技术需求、专利以及科技成果等信息可能导致的科技成果转化方向进行分析研判，将其与可能发生科技成果转化的高校与科研机构、公司企业等科技成果转化主体进行关联，实现相关供需信息面向科技成果转化主体的匹配和推荐。主要思路是在技术需求信息、需求者信息、专利和科技成果信息、相关研发人员信息、成果所属机构或人员所在机构的信息基础上，结合关联规则、聚类、贝叶斯分类等分析方法，对供需信息相关的科技成果转化主体进行关联匹配，同时还可结合对供需信息本身特性以及相关科技成果转化主体的研发能力、技术承接能力、生产能力、机构规模等因素的分析，实现对科技成果转化主体的择优选择和推荐。

---

① 张娴，胡正银，茹丽洁，等. 专利技术供需信息关联知识组织模式研究[J]. 图书情报工作, 2016, 60(8): 118-125.

② 詹文青，肖国华. 面向技术需求的潜在技术转移专利识别[J]. 情报理论与实践, 2019, 42(5): 117-121, 176.

4）新技术新产品与市场动态信息监测系统

针对国内外互联网上通过引证数据或专家观点进行评估筛选后的信息源和自身采购或自建数据库中与新技术、新产品及市场动态相关的信息数据，制定扫描、检索和采集策略（包括对网络信息自动获取技术的应用），开发或购买自动化的信息监测系统，定期（如每天）采集相关的新闻或专业文章并在经过规范化加工处理后在系统中集中显示，并定时向相关订阅用户分主题进行信息推送。通过信息的采集、萃取、分析等技术，揭示国内外知名科研机构或代表性创新企业在科研、产品、市场等方面的新动向。

5）技术研发众包服务系统

采取"互联网+"等手段，将企业或高校与科研机构等（一般是企业）的技术难题与技术研发需求在系统进行发布，并将其推向可能具有解决该问题能力的机构或者专家学者，通过企业等技术任务承担机构的外部参与者的工作解决技术难题或满足研发需求。因解决方案事先征集、合作契约事后达成，有助于解决科技成果转化中的信息不对称问题，降低企业研发风险，推动企业的技术研发和创新能力提升。

技术研发众包服务系统，向用户提供技术难题发布、目标参与者筛选与推送、方案优选，以及过程管控、纠纷处理等服务。①技术难题发布。根据技术特点，设置技术难题发布模板，以供用户在线编辑和发布，并提供技术难题二次编辑服务，由懂技术的专业人员对所发布的难题进行解析，对于可能涉及的技术领域进行分析，方便筛选目标参与者并向其推送信息。②目标参与者筛选与推送。根据目标参与者的研究特长、研发实力等综合情况，结合对技术难题的需求分析，筛选目标参与者并将技术难题、技术需求信息推送给目标参与者。③方案优选。通过专业的技术团队的分析，面向技术难题提供者提供方案的择优选择名单。

在技术研发众包中，由于研发成果的不确定性和一定的专有性，知识产权的所有权问题必须有事先约定以避免后期可能出现的纠纷。因此，在技术研发众包服务系统中需要在初步明确技术难题可以被某个或某些参与者解决时，就约定未来可能产生的知识产权和经济收益等事项的占比或分配方式。

6）专利组合分析推荐系统

根据国际通行的专利申请的单一性原则，单件专利的保护范围是有限的，如手机等产品往往集成了成百上千件专利。从专利理论和科技成果转化的实践中来看，单件专利的价值和科技成果转化成功的概率都不如专利组合。从另一个角度来讲，技术分工的细化、科研领域的交叉、产业链的辐射和延伸都使得各专利技术之间的关联度不断提高。因此，专利组合分析推荐系统的研建有利于促进高质量的科技成果转化。

专利组合分析推荐系统的关键是专利组合分析方法。专利组合设计最主要的角度有两点：一是基于专利技术的相似性进行组合，二是基于专利技术的互补性进行组合，而技术的互补性有时候还需要考虑产业或产业链环节之间的互补性。笔者曾与其他学者合作对专利技术的相似性测度方法和互补性测度方法进行了一些探索性研究并共同发表相关论文[①]，此处不再展开阐述。

7）科技成果评价专家维基系统

在科技成果转化工作涉及的科技成果评价中引用专家维基的思路，建设科技成果评价专家维基系统。专家维基的基本特点一方面是"专家"，另一方面是"共建"。首先，专家的专业知识和经验水平使评价更具专业性；其次，共建一是指包括科技成果转化活动涉及的技术、经济/市场、法律三个方面的专家共建，保证了专家维基内容的客观性，二是采用开放式的专家维基或者结合全面的指标，更完善了评估内容的全面性。需要注意的是，鉴于科技成果、专利技术等包含的信息价值较高，甚至某一企业对某项专利的关注本身就属于竞争情报搜集的信息，因此开放式维基评估只针对非保密科技成果，但此时仍以封闭式专家维基内容为主导内容。面向科技成果评价的专家维基流程如图 5-2 所示。

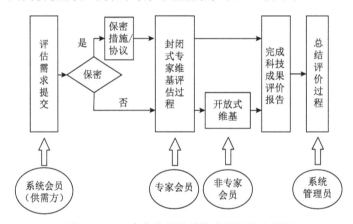

图 5-2　基于专家维基的科技成果评价流程图

该系统利用维基的开放、共享技术，组织并激励不同领域的技术、经济/市场、法律三个方面的专家（自选与认证）采用匿名的德尔菲法为指定或选定的科技成果（以专利技术为代表）提供多视角和多轮的价值评估（基于相应的指标体系），在此基础上根据用户需求酌情提供面向社会的、开放的、具有一定激励性的、针对特定技术的价值评估渠道，形成以专家意见为核心、社会意见为补充的不同层次不同权重的评价与发布系统，提供相对客观、准确并且丰富的第三方（非技术

---

① 张端阳，肖国华，李文燕. 面向专利集成的专利技术相关性测度方法研究[J]. 情报杂志，2014, 33(11): 54-61.

供需双方或交易双方）专业意见，促进技术供需双方以较高效率达成一致，进而促进技术转移①。笔者主持的课题对此进行了一些初步的探索研究。

8）企业技术创新能力与承接能力评估系统

企业自身的技术能力是影响科技成果转化成功与否的重要因素。创新能力越强，越能够转移、辐射自己的技术；承接能力越强，越能够引进和应用新的技术。该评价系统的建设在技术上与前述评价系统没有实质性差异，最核心的内容在于技术创新能力和技术承接能力的评价指标体系。

9）科技成果在线展会系统

网络在线展会与占用物理场馆的线下展会相比，成本大幅降低且可长期不落幕。而且，随着包括可视化技术和增强现实在内的信息技术的发展、网络带宽的扩大，在线展会可以实现对科技成果近距离、高清晰、多角度、多媒体的动态演示。一方面，科技成果众多，在线展会系统会遴选较优秀的科技成果予以展示和演示；另一方面，在线展会可为注册用户提供经过审核的科技成果图片或视频等介绍资料的上传和展示服务。科技成果转化信息服务通过在线展会系统能够更直观更生动地为潜在客户介绍科技成果，同时嵌入在线交流、在线预订或交易等配套服务，促进交流、对接与成交。

10）技术在线交易与在线竞价系统

技术在线交易与在线竞价系统包含在线竞价、在线合同、在线交易规则、电子支付技术交易信用评价与管理机制等功能。

（1）在线竞价。技术需求方在了解技术的情况后如果有意购买或被授权许可实施，可通过该系统在规定时间内查看技术的竞价情况，提交、修改自己的报价，系统将根据价格优先原则和报价时间向技术所有者提供候选者名单，由技术所有者确认并进行价格公示。根据技术所有者的意愿，也可以在报价结束后直接公布结果。技术询价流程与此相类似，由技术提供者竞标报价，技术需求方最终确认。

（2）在线合同。利用数字签名、电子签章等技术，让交易双方可在线拟订、讨论、修改、签订合同。

（3）在线交易规则。针对技术交易和在线交易的特点，规范技术交易双方和服务商的权利与义务，规范受理交易申请、发布交易信息、交易意向登记、竞价、中止或签约、结算、完成等操作流程。

（4）电子支付。电子支付系统包含身份认证、信用评估、资金托管、货币支

---

① 肖国华，张端阳，唐蘅. 面向专利技术评估的专家维基系统建设研究[J]. 情报理论与实践，2014, 37(2): 117-121.

付等内容。鉴于其复杂程度和安全要求，一般不会完全自建该系统，而是嵌入专业的第三方支付服务提供商提供的支付平台，并结合 PC 端支付与移动端支付两种方式。同时，针对技术交易，可在充分考虑交易方式和用户需求的基础上，设计多样化的担保方式和分批次、个性化的支付方式，实现用户的在线支付和交易。

（5）技术交易信用评价与管理机制。在系统内对技术交易主体的竞价、谈判、签约、支付、履约等行为进行监管，构建用户打分评价系统，交易双方可给对方行为打分、评价；同时，结合用户的认证资料进行信用评级，根据用户提供的发明专利、投资成功案例等相关材料，对信用评级作进一步的划分，通过"会员信用等级""专家技术等级"等方式对会员身份和资历作认证监管。

11）科技成果转化实施远程监测与专家跟踪指导系统

科技成果转化与有形商品的交易不同，通常会需要有较长的周期来检验其实施效果。在技术和设备上，实施远程监测（对于可观测的技术实施而言）；在机制和组织上，提供专家跟踪指导，有利于降低技术购买方或被许可方的顾虑，促进科技成果转化，并在后期工作中保障科技成果转化的实施成效。

该系统中，可以包括实施效果评价模块。通过技术出让方和受让方互评，为技术出让方保障后续服务，也有助于技术受让方按照规范实施该技术。而凡是评价，其结果都可以作为各用户信用累积的一部分。

2. 与企业、高校与科研机构、科技服务机构三者相关的软件工具

1）在线咨询系统

在线咨询系统一是在网站上开辟实时对话窗口，后台由专业人员提供咨询服务。组建类似于图书馆或科技情报机构的学科咨询馆员团队，但在知识领域上与学科馆员不同，团队的专业知识构成上除了科技情报、信息管理之外，还应包括多个自然科学和工程领域、知识产权、产业经济、企业管理、市场营销、法律政策等方面。组织该团队通过在线咨询系统为多类用户解答问题或提供帮助其解决问题的途径，并通过该窗口介绍信息服务团队的深加工增值服务。

在线咨询系统二是研建开发智能在线应答系统。结合现有的自然语言理解的语义检索技术、多渠道知识服务技术、大规模知识库构建技术，从语义文法、词模、关键词等不同层面对咨询问题进行自动理解，针对客户的模糊问题，采用模糊分析技术进行处理，从而准确识别出科技成果转化主体所咨询的问题，并结合缩略语识别、错别字识别以及智能分词等技术进一步优化和提高其对咨询问题识别的准确率。

2）科技金融信息服务系统

从信息服务的角度将科技金融业务有机嵌入科技成果转化信息服务系统中，在

该系统中提供金融服务的窗口，促进资金链与创新链、产业链的结合。主要提供以下几个方面的科技金融信息服务：基于前述与科技金融相关的政策数据库、机构数据库提供专题化或系统化的基础信息服务；为有融资需求的机构或团队提供融资初步建议并介绍相应金融机构与投资机构，为有高科技投资需求或放贷需求的投资机构或金融机构提供投融资方向、项目、团队等方面的初步建议并介绍相应的科研机构或研发团队，促进资金与技术的对接并在此过程中根据嵌入程度酌情考虑对双方行为的监督管理与信息评级；科技金融的专业化咨询以及更进一步的上市辅导。

3）科技服务机构评价系统

科技成果转化涉及多类科技服务机构。为帮助技术供需双方用户找到较满意的科技服务机构，通过评价系统来提供分机构类型、分服务功能的科技服务机构推荐表。与科技成果评价的思路相似，机构评价系统也设置一套指标、采用一种方法、建立一套流程。除指标方面因评价客体的不同而有区别之外，方法、流程方面均可与科技成果评价专家维基系统相近。

3. 与政府、企业、高校与科研机构、科技服务机构四者相关的软件工具

1）个性化信息智能推送系统

企业的新技术信息跟踪监测能力是科技成果转化效率的影响因素之一，时间成本属于技术交易成本，也是科技成果转化效率影响因素之一。为了减少用户查找信息的时间花费，个性化信息智能推送系统就是一个较好的选择。该系统的一端是用户的需求、兴趣与倾向，另一端是自建或购买的数据资源和可以检索抓取、符合一定规则的网上信息资源。后者不必阐述；前者建立在数据挖掘基础上，涉及的功能模块主要包括四个方面：①用户身份注册；②用户订阅信息类别；③用户在本系统或相关系统内的行为模式分析（包括检索主题、浏览内容、停留时间等）；④相关信息推送。

2）技术交易大数据分析系统

结合技术交易的特点，基于技术在线交易系统的功能与服务以及科技数据库、机构数据库等数据信息储备，针对用户登录网站系统后的行为数据，利用数据挖掘技术和分析聚类算法进行建模学习、分析与识别，深度开展个性化咨询与信息推荐等增值服务。

3）主题研究报告自动生成系统

该系统对期刊论文、会议论文、学位论文、专利文献、科技报告等异构的数据源进行整理，确定包括科研产出数量趋势、技术领域和国家区域布局、重要机构、重要学者、论文或专利引证数量、学科交叉情况等在内的研究报告版块，对

事实型数据进行快速的聚类挖掘分析，并结合可视化工具，形成围绕用户指定主题或关键词的图文并茂的主题研究报告，快速反映该主题的整体科研情况。利用该系统，用户只需要选定主题或输入关键词，即可快速（一般可在一分钟以内）生成相应的主题研究报告。北京万方软件有限公司已有成熟产品，名为"创新助手"，并下设"知机构""识主题""懂专家"三个渠道。笔者主持的课题，也有自主开发同类软件，但在数据量和稳定性方面尚不如"创新助手"。

4）专利技术可视化分析系统

该系统对专利文献数据从宏观、中观到微观等不同层面根据用户意图进行不同角度（如针对某领域或某专利类别或某国家地区）的挖掘与分析，并呈现出直观的图表形式，方便用户迅速了解相关情况。该系统既包括基于专利文献著录字段的分析[如专利类型、专利 IPC（international patent classification，国际专利分类号）、专利申请日期、授权日期、专利权人、发明人或设计人等]，也包括基于词频、共现、引证等的聚类分析、关联分析，还可以结合社会网络分析工具进行分析。这类软件工具中具有代表性的是科睿唯安的广泛用于专利分析的 Derwent Data Analyzer 和 Derwent Innovation 系统，在专利强度分析和相似度算法方面较有优势的 Innography 系统等。

5）科技成果转化政策图谱分析系统

科技成果转化政策，既涉及科技成果转化上下游全链条，又涉及创新政策、科研政策、税收政策、人才政策等各类政策的衔接与配套。该系统对政策的制定部门、制定时间、制定目标或宗旨、具体措施关键词、供给面（信息、人才、资金、设施等）、需求面（政府采购、服务外包、出口管制等）、环境面（金融、税收、社保等）多方面[①]进行聚类和关联分析，并以可视化的图谱形式表达出来。该系统可以分析科技成果转化相关政策的发展脉络、纵向上分析各级政府出台政策的贯通性和横向上分析政府各部门出台政策的配套性，以及可能存在的不足。

6）社会网络分析系统

高效的科技成果转化需要调动政、产、研、服四螺旋和创新主体的积极性。社会网络分析有助于掌握各主体参与、交互的频率、类型和深度。现有的社会网络分析工具如 UCINET、Pajek、CiteSpace、NetMiner、Structure、MultiNet、STOCNET 等已经颇为成熟，在科技成果转化信息服务系统内一般不需要另行开发，只需要嵌入与应用。

---

① 马江娜，李华，王方. 中国科技成果转化政策文本分析：基于政策工具和创新价值链双重视角[J]. 科技管理研究, 2017, 37(7): 34-42.

7）科技成果转化移动终端服务系统

鉴于手机的使用人数和使用平均时间都大于电脑，为扩大科技成果转化的服务面，需要开发围绕科技成果转化工作的移动 APP（application，应用程序）或者微信公众号，让用户可以更加方便地随时随地查看科技成果转化相关信息。目前移动终端服务系统开发，主要基于微信、Android 和 iOS 的三个平台。科技成果转化移动终端服务系统在功能设计上包括科技成果转化相关信息发布和查阅、信息推送、技术竞价、技术交易、在线咨询等主要功能，将重大科技成果和重点需求、用户关心的或者是有潜在兴趣的供需信息、专利组合等信息更方便地推送给相关用户；方便用户随时浏览技术供需信息，并在移动客户端即可完成技术的竞价、交易、支付以及评价等功能；嵌入在线咨询系统，面向用户提供实时在线咨询和深度分析咨询等服务。

除上述软件工具之外，系统建设涉及的信息技术，当前较重要的有三个方面：①云计算虚拟化技术；②大数据存储与分析技术；③移动应用技术[1]，非本书研究重点，不再阐述。

5.3.3　专家团队组织

对量化分析倚重较高的研究任务，需要情报专家或数据专家的智慧，比如，某技术领域全球专利布局地图分析；而对另一些定性分析更为关键的研究任务而言，具体专业领域的专家智慧就是做出高质量决策不可或缺的要素，比如，判断某件新专利技术的产业化应用的成熟度。情报分析专家和技术领域专家智慧的结合，既是高水平情报研究所需，也是高水平科技成果转化信息服务所需。

一方面，某些工作需要不同领域的专家在不同环节分工完成，如在创新链、产业链、资金链交织发展的过程中，科研人员、企业人员、投资人员在不同环节介入的程度、发挥的作用是不同的；另一方面，某些工作需要不同领域的专家同时协作完成，以科技成果评价系统为例：面向产业化应用的科技成果的价值包含了技术价值、经济价值、法律价值，而用于科技成果评价的专家维基系统，利用维基的开放、共享技术，组织并激励相关领域的技术、经济/市场、法律三个方面的专家为指定或选定的科技成果提供基于既有指标体系的多视角和多轮的评价，并在此基础上根据用户需求酌情提供面向社会的、开放的评价渠道，形成以专家意见为核心、社会意见为补充的不同层次不同权重的客观的第三方专业评价意见。该评价系统体现了不同领域专家间的协同以及专家与社会大众的协同。

基于四螺旋模型的科技成果转化信息服务系统的建设，既涉及四个方面不同创

---

① 本节在笔者论文《情报工程视角下四螺旋协同创新信息平台建设研究》（肖国华等著，2020 年发表于《情报科学》）部分内容基础上略有补充。

新主体的专家人才的个人能力与智慧，又涉及各类专家人才的协调与合作。在某些方面，如政策解读，可能单独工作的专家人才才能发挥作用；在另外一些方面，如科技评价和科技成果转化，往往需要不同领域的多位专家共同发挥作用。集成不同领域的专家智慧并不是简单机械地将相关专家聚集到服务系统中，更重要的是要营造好的条件氛围让各领域的专家人才在协同创新过程的各相应环节发挥必要作用，既要尊重专家人才在各自领域的判断和观点，又要在复杂的决策环节交叉融合不同专家的观点并适当碰撞，促进专家人才隐性知识和经验的显性化①。

科技成果转化信息服务系统相关专家及其作用构成如图 5-3 所示。

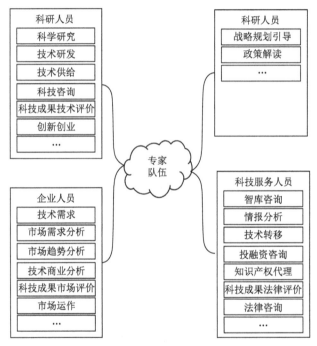

图 5-3　科技成果转化信息服务系统相关专家及其作用构成

5.3.4　系统整体架构

四螺旋各创新主体间良好的互动与合作机制，以及科技成果转化信息服务系统建设相关机构的工作、协调、合作机制，是该服务系统有效运行的重要前提和保障。虽然我国政府部门、学研机构、公司企业已经建有信息资源服务系统，但

---

① 本节在笔者论文《情报工程视角下四螺旋协同创新信息平台建设研究》（肖国华等著，2020 年发表于《情报科学》）部分内容基础上略有补充。

是彼此间尚未建立共享、互动的信息服务平台和机制[1]。我国政产研服协同创新机制目前尚未很好形成的一个原因是，彼此信息沟通的渠道相对单一和片面，而且开放性和透明性不足，这种较低水平的信息交流机制不利于技术转移[2]。

　　本系统建设试图将创新链、产业链、政策链、资金链、服务链上的利益相关方在创新发展的综合流程中协同起来。该系统表面上是系统共建机构、参与机构、顾问机构和服务机构的网络化、联盟化的组织建设，实质上是系统的工作规范化、流程标准化、功能模块化、主体协同化、交流协调化、合作主动化、组织系统化、服务集成化、线上线下并行化、准入退出简要化等方面所涉及的内在机制建设。

　　情报工程视角下基于四螺旋模型的科技成果转化信息服务系统的整体架构如图 5-4 所示[3]。

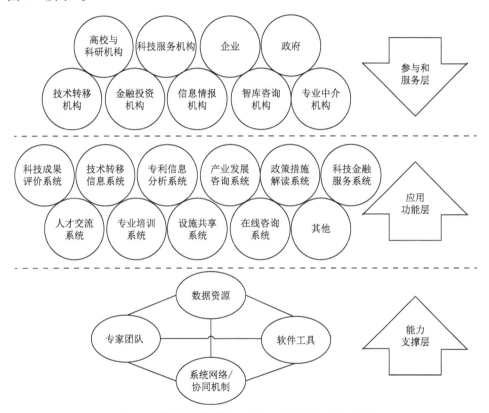

图 5-4　科技成果转化信息服务系统整体架构示意图

　　① 周海峰. 基于三螺旋模型理论的政产学研一体化信息服务理论探讨[J]. 图书馆工作与研究, 2015, (1): 17-19.

　　② 顾建平, 李建强. 当前高校技术转移存在的困难和问题[J]. 中国高校科技, 2015, (3): 92-94.

　　③ 本节在笔者论文《情报工程视角下四螺旋协同创新信息平台建设研究》（肖国华等著, 2020 年发表于《情报科学》）部分内容基础上略有补充。

5.4　科技成果转化信息服务系统的服务开展

在数据资源、软件工具、专家团队的基础上，围绕科技成果转化的发展目标，协同政产研服的交流合作，针对科技成果转化的影响因素，开展多种类型的信息服务。

5.4.1　科技成果转化信息服务的一般类别

常规的信息服务包括信息搜集、组织、发布与检索，经过信息分析之后的优秀科技成果推荐、重大技术需求发布、企业研发伙伴推荐、优质企业推荐，专业咨询，业务培训与用户培训，专家研讨会议组织，科技成果转化效果追踪服务等。

深度的情报服务包括专利技术情报研究、技术路线规划设计、产业竞争发展研究、政府决策智库咨询等。这些服务内容与科技成果转化有程度不同的相关性，服务于政产研服不同方面。

与其他科技服务机构合作或者跨界承担的信息服务包括：知识产权代理服务，科技金融信息服务，科技众筹信息服务，展会路演，政策解读，协调交易双方的磋商谈判与合同签订，高新企业申报、避税设计等配套服务。

与前述软件工具相关的信息服务包括：个性化信息订制与智能推送，前沿技术、热点技术、专题信息跟踪与组织，专利组合研究设计与推荐服务，科技成果与技术需求对接服务，科技成果转化实施远程监测与专家跟踪指导服务等。

以上内容均不再阐述。

5.4.2　面对技术交易中信息不对称核心问题的信息服务

信息不对称问题极大地制约了科技成果转化的效率。技术供给方比需求方更了解技术，但是因为无形资产尤其是技术诀窍的保密性要求，在技术交易达成之前，技术供给方一般不会向需求方提供全部技术内容的详尽说明；而技术需求方在不充分掌握技术信息的情况下不能肯定该技术是否满足需要，从而影响交易达成。此外，技术二次开发、产业化和市场化结果难以预测，这对于技术交易的达成也形成了阻碍。如果市场信用环境优良，可以逐年根据该技术实施产业化的利润来向技术供给者体现其价值；但是如果市场信用环境不佳且单一技术常不能从总体利润中辨明其贡献比例，则上述办法不能得以实施。

在总体上市场信用不足的前提下，解决或缓解技术交易中信息不对称的核心问题，笔者研究认为有四种方式：①专业、客观的第三方科技成果评价；②技术需求辅助辨识；③包括技术诀窍的部分专利技术的"先试用后付费"模式；④在科技成果转化类合同里设置对赌条款。第 1、2 种方式分别着重于从技术供给和技术需求的角度解决问题,第 3、4 种方式分别立足于当前实践和未来预期解决问题。此外,虽然总体上市场信用不足,但仍然可以在科技成果转化信息服务系统中建设和发展局部的技术交易信用评价系统。

1. 第三方科技成果评价

科技成果评价工作开展已经多年,并在不同层面形成或体现于政策、标准或规范中,如国务院《"十三五"国家科技创新规划》、科技部等五部委《关于改进科学技术评价工作的决定》、科技部《科学技术评价办法》、国家标准《科学技术研究项目评价通则》(GB/T 22900—2022)、《技术转移服务规范》(GB/T 34670—2017)、《农业科技成果评价技术规范》(GB/T 32225—2015)、四川省地方标准《科技成果评价通用要求》(DB 510100/T 247—2017)、国家知识产权局《专利价值分析指标体系操作手册》《科技成果标准化评价理论与实务》、财政部《资产评估基本准则》、科技部办公厅《国家科技专家库管理办法(试行)》(国科办创(2017)25 号)、《南京大学科技成果评估备案管理条例》等。2021 年 5 月,习近平在主持中央全面深化改革委员会第十九次会议时强调,"加快实现科技自立自强,要用好科技成果评价这个指挥棒,遵循科技创新规律,坚持正确的科技成果评价导向,激发科技人员积极性"[①]。

自政府部门不再组织转而让第三方机构承担科技成果评价工作之后,社会上的科技成果评价工作和机构发展颇快。科技成果评价需要解决专业性和客观性的问题,不能让外行评价内行,不能让利益相关方委托或参与评价。而当前的科技成果评价在这方面还有可改进之处。比如,科技成果评价的委托方通常就是科技成果的所有人。理想状况应该是由科技成果转化的交易双方共同委托某家第三方评价机构来进行评价,且评价市场应有更严谨的监督管理机制。其中科技成果评价专家维基系统,笔者主持的课题在技术上已经基本实现,但是在运作机制上的问题课题本身不能解决。

理想的第三方科技成果评价应当包括以下要素环节。①涉及某项或某组科技成果的交易双方共同委托第三方评价机构,费用由交易双方共同承担,且费用与评价结果无关,只与评价难度或评价对象的类型有关。②该评价机构拥有或者能够利用两种资源:自然科学和工程技术多个领域以及信息情报、知识产权、市场、法务等方面的专家库资源,专利信息资源在内的科技文献信息资源和分析工具。③服务于科技成果转化的科技成果评价包括技术、经济/市场、法律等多维度。

---

① 习近平主持召开中央全面深化改革委员会第十九次会议[EB/OL]. http://www.xinhuanet.com/politics/ leaders/2021-05/21/c_1127476498.htm[2021-05-21].

④评价分析包括专家意见定性评价，也包括计量分析定量评价，两者的权重可根据具体评价对象而有调整。⑤专家评价以类似于德尔菲法或论文匿名盲审的方式"背靠背"进行，可根据实际情况决定评价轮数。⑥逐步形成一套针对不同评价对象的专家意见可信度权重设置体系和定量评价可信度权重设置体系。

2. 技术需求辅助辨识

技术需求辨识能力是影响科技成果转化的重要因素之一，在第4章基于专家调研的网络层次分析结果中位居27个影响因素的第7位。很多企业尤其是传统行业的企业对自己需要什么样的技术并不清楚，这些企业希望能够转型发展或者开辟新的市场领域，但是却不知道或者不能准确辨识自己所需的具体内容。在本书第4章进行专家调研时也有数位专家反映这种情况的普遍性。

科技成果转化信息服务可以从至少三个方面帮助企业辨识自己的技术需求：①在宏观层面，围绕企业的技术布局和产品开发中长期规划（高居27个影响因素的第2位），通过产业情报分析和专利情报分析等工作，明确企业在近期或中长期需要有所布局或增强布局的技术领域，并考察有无相应的国内外技术成果，提供给企业并在进一步研讨磋商中更加细化和清晰化；如果企业没有明确的技术布局和产品开发规划，还可以接受企业委托通过产业情报分析和专利情报分析为其研究制订相应的规划；②在微观的具体技术层面，组织专家与企业的技术主管和技术人员座谈讨论或者通过其他方式联系沟通，再安排该技术领域的专业人员用标准、专业的文字（包括标准化的著录格式与条目）将技术需求（包括希望达到的技术指标）准确表述出来；③通过5.3.2节所述技术供需信息自动关联分析系统，根据企业对其技术需求的描述不断检索试错，寻找可能符合企业需求的潜在科技成果转化对象。

需要注意的是，企业的技术需求有时候也是企业希望保守的秘密。在围绕其开展服务工作时，应当恪守相应的保密要求；在将相关信息输入数据库时，需要设置相应的访问权限。

3. 专利技术"先试用后付费"模式

美国明尼苏达大学于2014年率先推出专利"先试用后付费"模式，提供了一种低成本、低风险的方法让企业了解大学开发的技术是否具有商业潜力：即在决定长期许可该技术前，以很低的许可费或免费对技术进行"试运行"，以了解某项创新技术对公司是否具有可行性；同时针对每项技术在网站上公开预先制定"先试用后付费"许可协议，简化签约流程。

该模式在国内某科研机构也曾探索尝试，并建立了系统，规范知识产权试用参与各方的权利和义务，明确受理技术试用、转让申请、发布转让、受让意向登记、签约、交易结算、交易中止或交易终止等操作流程，对技术供需双方在试用、交易全过程的信用进行评价评级，督促交易双方切实履行合同规定的权利和义务，实现交易双方的公平公开。有信用保障的"先试用后付费"技术转移体系，针对企业专利试用完成之后的购买需求，组织技术、经济/市场、法律三个方面的专家开展专利价值评估，并促成科技成果转化的落地。

该模式能够实行的前提是：市场信用相对较好，或者该专利存在较隐蔽的技术诀窍，技术所有者不用顾虑技术免费或低价使用者在试用后会窃取或能窃取该技术长期使用（包括时间成本在内的维权成本一般不是科研人员愿意去承担的）。随着我国经济的发展、法制的健全和市场环境的改善，笔者认为该模式仍然可以应用推广。

4. 科技成果转化合同对赌条款

借鉴 Spence 的信号传递模型和 Stiglitz 的信息甄别模型[①]，出资方（资金入股方和技术需求方）与出让方（技术供给方）在达成科技成果转化合同时，设置条款对未来技术的不确定性进行约定。其内容可以包括：转移的技术中试到技术成熟的时间要求，转移的技术需要实现产品化的时间约束条款，相关技术产品实现利润的要求，产品生产的质量和数量等期限条款的设计等，届时到达或者未达到合同约定的要求，双方权利义务各有不同。引入对赌条款，可以有效保护技术投资人的利益，促进技术产品的生产落地，从而也让投资人有更积极的意愿去加强科技成果转化和技术交易。

5. 技术交易信用评价系统

建设技术交易信用评价系统可以借鉴电子商务已有的成功经验，但是应根据技术交易的自身特点和规律进行调整与优化。与实物交易不同，技术交易虽然可以包含商品交易、服务交易、信用交易，但其核心是对无形资产的交易，交易双方不可控的因素相对而言更多。与网络购物相比，技术交易的信用评价需要充分考虑技术类型与所在领域、知识产权保护状况、技术实施周期、合同期限、标的金额或其档次、合同协议中的其他核心条款内容等若干方面，它对交易双方或多方签订的

---

① Spence 通过对劳动力市场的分析，提出了"信号传递"模型，他认为信息优势方可以通过向信息劣势方传递可靠信息而在市场中获益。Stiglitz 认为，因为不完全信息、不完全竞争、不完备市场在现实中普遍存在，所以市场失灵无处不在；他通过对保险市场的研究，提出了"信息甄别"模型，认为保险公司可以通过两类不同保单将高风险客户与低风险客户甄别开来：低保险金对应低赔付比例的保单，高险金对应高赔付比例的保单，保险市场由此可实现有效率的"分离均衡"。据此可知，对于处在不完全信息市场中的交易双方来说，信息劣势方可以通过一定的合同安排，将另一方的真实信息甄别出来，实现有效率的市场均衡。2001 年，Spence、Stiglitz 和 Akerlof 共同获得诺贝尔经济学奖。

合同的依赖性更大。技术交易的信用评价还往往不能在交易完成后立即形成,需要有一段时间甚至是较长时间的等待观察。此外,电子商务的信用评价往往基于大量的历史交易情况,而技术交易的频次一般较低,历史数据需要较长的时间去积累。

技术交易信用评价系统的设计有以下几个原则:①建设者或者委托建设者的层面相对较高,因为技术交易的数据相对较少、公开性相对不足,需要有较高层面的建设者才能汇聚和组织这些数据;②既有相对稳定的静态信用值(如机构类型、银行资信等),也有反映历史表现的动态信用值(如技术交易历史数据);③不能脱离交易双方在交易合同中的约定,在信息加工处理时需要对交易合同内容进行标准化、规范化的信息提取;④如果合同不严谨,那么违约的情况会相对复杂,信用评价需要考虑交易双方各自的立场;⑤技术交易的目的和标的金额的量级,有可能会使交易双方的工作方式不同,在信用评价时也需要考虑;⑥在合同周期或技术实施周期较长的情况下,可以分阶段分环节进行信用评价;⑦为增强信用评价系统抵抗噪声能力,在交易双方互评打分的基础上,可参考该技术所属行业或同类行业的平均表现对其进行评价。

5.4.3 针对四螺旋相互作用下科技成果转化效率影响因素的信息服务

前文 3.2 节基于互信息的四螺旋创新协同度的计量研究结果表明,一方面,科技服务机构作为第四螺旋全方位提升了原有的三螺旋体系的协同度;另一方面,在四螺旋体系中,各螺旋间的协同度尚不均衡,科技服务机构参与的三支螺旋间的协同度:以产、研、服最佳,以政、产、服居中,以政、研、服最末。从科技成果转化信息服务的角度来讲,对于协同度较好的创新主体,要巩固服务,借力发展;对于协同度较弱的创新主体,要加强服务,促进发展。

前文 4.2 节中运用德尔菲法和 ANP 对四螺旋相互作用下科技成果转化的影响因素进行分析评价,得出的结果表明:从四螺旋各大创新主体的层面来看,企业和政府对于科技成果转化的影响较大,处于第一层次;高校和科研机构与科技服务机构对于科技成果转化的影响大体相当,处于第二层次。

结合上述两个方面的分析结果,并且鉴于科技成果转化信息服务当前首先需要站稳脚跟取得示范效应,则可以认为,科技成果转化信息服务对于四螺旋各创新主体的工作力度依次为:企业、政府、高校与科研机构、科技服务机构。把企业排在第一位,既因为它与科技服务机构的协同度好,也因为它对科技成果转化影响最大。这与前述投入-产出宏观层面分析的结论相似,该结论是:应率先在产业现代化程度和地区经济发展水平相对较高的地区发展科技成果转化信息服务。但是同时应当注意到,政府对于科技成果转化的影响力很大,特别是在战略性、政策性、指导性和财政税收等方面,而科技服务机构与政府的协同度还相对薄弱,信息服务还需要补短板。

在四螺旋相互作用下,影响科技成果转化的 27 个具体因素基本上都是信息服务可以发挥直接作用或间接作用的方面,具体见表 5-2。

表 5-2 针对四螺旋相互作用下科技成果转化效率影响因素的信息服务

一级因素	ANP权重	二级因素	ANP权重	相应信息服务及其跨界或配套服务
政府作用（A）	0.2760	A1 科技成果转化相关法律法规	0.0860	智库咨询、决策咨询; 承担政府部门项目任务; 根据政府指导意见提供相应服务; 政策解读; 政策宣传等
		A2 科技成果转化相关政策及配套措施	0.0636	
		A3 法律法规与政策措施执行力	0.0632	
		A4 科技成果转化的组织保障与体系建设	0.0466	
		A5 科技成果转化引导资金	0.0148	信息引导,促成产、研、金机构对接; 政策解读等
		A6 科技成果转化相关标准、规范与认证体系	0.0018	信息咨询、专家建言; 宣传推广等
企业（技术需求方）作用（B）	0.3455	B1 新技术信息跟踪监测能力	0.0430	信息检索、信息搜集; 情报分析、专利分析; 定题服务、专题快报; 个性化信息订制与推送; 数据监测与挖掘等
		B2 技术需求辨识能力	0.0471	专家对接研讨; 专业人员按标准与规范作专业化表述; 技术供需信息关联分析（人工或算法）; 企业技术发展规划咨询等
		B3 技术承接、消化或实施能力	0.0415	实地调研获取指标数据并由专家判断; 潜在合作伙伴信息分析等
		B4 技术交易成本	0.0629	几乎所有相关的信息咨询及其关联服务
		B5 企业信用	0.0148	科技成果转化信用评价
		B6 知识产权运营管理能力	0.0671	知识产权相关各类信息服务与情报分析,包括数据库检索、专利布局分析、专利侵权分析、知识产权评议、专利预警分析、专利技术功效矩阵分析、专利代理配套服务等
		B7 技术布局和产品开发的中长期规划	0.0690	产业技术情报分析; 产业发展战略或规划指南研究; 产业竞争情报研究; 技术路线图研究等

续表

一级 因素	ANP 权重	二级因素	ANP 权重	相应信息服务及其跨界或配套服务
高校与科研机构（技术供给方）作用（C）	0.1803	C1 技术先进性	0.0283	科技成果评价； 专利情报研究； 科技文献调研； 德尔菲专家调查； 检验检测配套服务等
		C2 技术成熟度	0.0231	
		C3 技术的市场应用前景	0.0375	专利情报研究； 竞争情报研究； 科技成果评价等
		C4 知识产权运营管理能力	0.0448	知识产权相关各类信息服务与情报分析，包括数据库检索、专利布局分析、专利侵权分析、知识产权评议、专利预警分析、专利技术功效矩阵分析、专利代理配套服务等
		C5 科技成果转化收益分配机制	0.0161	信息咨询、决策咨询； 政策解读等
		C6 科技成果所有权划分政策	0.0144	
		C7 人才与科研项目考评体系	0.0160	
科技服务机构作用（D）	0.1983	D1 科技成果转化服务水平	0.0350	（自身）
		D2 科技信息咨询服务水平	0.0304	（自身）
		D3 知识产权服务水平	0.0327	除知识产权代理之外的其他服务，包括数据信息资源基础服务、各类知识产权情报服务等
		D4 科技金融服务水平	0.0354	科技成果评价； 科技方面的尽职调查； 投资项目技术情报分析； 项目与投资的对接情报分析等
		D5 创业孵化服务水平	0.0231	产业技术情报分析； 市场竞争情报分析； 科技文献资源基础服务等
		D6 检验检测服务水平	0.0183	科技成果转化与信息咨询配套服务
		D7 与政产研三方面的交流合作频率与深度	0.0234	走访、座谈，实地采集数据； 学术研究与实际工作研讨； 项目任务合作实施等

注：科技成果转化各影响因素的 ANP 权重值可作为实际开展信息服务的工作力度的参考，但不应绝对化

5.5　四螺旋各主体的诉求与功能和信息服务系统的运行机制

科技成果转化是协同创新的重要形式之一,是专指性更强的协同创新。协同创新是提高创新效率的重要方式,它不仅要求各创新主体在各自领域各司其职,同时也需要各方交流合作与换位思考。比如,追求学术价值的科研人员进入技术孵化领域后需要以市场为导向,而追求商业价值的企业在进行技术合作研发或技术交易时则需要考虑技术的先进性和竞争能力。协同创新中政、产、研、服各创新主体不断进行着信息的生产、传递、交流、反馈,信息需求不断得到满足,同时又不断产生新的信息需求。建立与协同创新相适应的科技成果转化信息服务机制,有利于发挥资源和服务的集聚效应,以产生更高的协同度。从结构角度来看,机制建设可以更稳定更有效地发挥科技成果转化信息服务系统联系各创新主体、衔接各创新阶段的桥梁和纽带作用;从模式角度来看,传统的科技创新线性组织模式正逐渐走向开放式网络化螺旋形的合作模式,更需要机制建设来保障高效的信息服务运行并通过信息服务让资源要素有效耦合以进一步促进协同创新。

5.5.1　四螺旋各创新主体的主要诉求与功能

科技成果转化信息服务系统参与政、产、研、服四螺旋协同创新并在其中发挥积极作用,需要首先厘清各创新主体的主要诉求与功能。表 5-3 作了扼要的列举。

在四螺旋协同创新中,创新主体诉求不一:政府的主要诉求是促进社会经济的高质量发展和人民生活水平的提高;企业的主要诉求是增强发展能力、加强市场地位、获取更多利润,并降低各类风险;高校与科研机构的主要诉求是推动科技发展进而推动社会进步,并让应用类技术推动经济发展,同时培养更多优秀人才;科技服务机构的主要诉求是连接和催化相关科技过程与合作,推动科技创新发展,并在市场运行机制下获取更多收益。

四螺旋各主体的主要功能如下。

1. 政府的主要功能

政府具有组织协调、政策引导、财政资助等多项功能,是协同创新的重要组织者、管理者和主要推动力量,宏观调控社会科技经济的发展方向和发展速度[①]。

---

① 许彩侠. 区域协同创新机制研究: 基于创新驿站的再思考[J]. 科研管理, 2012, 33(5): 19-25, 55.

表 5-3　四螺旋各创新主体的主要诉求与功能

诉求		政府主要功能			企业主要功能		高校与科研机构主要功能		科技服务机构主要功能
		组织协调	政策引导	财政资助	生产	盈利	技术供给	人才提供	催化加速
政府主要诉求	经济价值	实施国家发展战略;合理分配创新资源;引导经济高质量发展;提高人民生活水平;推动科学技术进步;规范社会创新环境;提高国际影响力			提供社会需求产品;满足社会发展基本需求;新技术的外溢性;提高全社会的生产率	创造税收;提供服务;促进经济增长	收益递增;解决技术问题;形成产业集群	科技人才红利	丰富第三产业内涵
	社会价值				创造就业;维护社会稳定;掌握科技生产国际话语权		国家自主创新体系的重要组成部分;经济社会发展智库;提供战略性咨询服务;解决市场失灵	向社会传播知识	提供社会岗位;畅通协同创新通道
企业主要诉求	技术创新	促进科技成果转化;制订评估方案;共担转移风险;衔接国家目标;处理利益冲突;建立信任合作关系	技术创新政策;税收土地等优惠政策;产业发展规划政策;其他激励政策	优先支持科技合作计划企业	形成核心竞争力;产生学习效益;有效配置创新资源;发展新兴产业;引领技术创新	利润回报	"专用性"知识;针对性的解决方案;最新的技术咨询;相关科技成果	合作交流;联合开发	前沿科技动态;研发方向;市场调研;可行性分析;咨询评估
	人才引进		人才引进政策;灵活用人制度;户口政策;其他激励政策	奖章奖励;补助补贴	人才联合培养;员工水平提升	资金支持	技术人才保障	联合培养;优秀人才引进;输送毕业生	复合型人才培养

续表

主体	诉求	组织协调	政府主要功能		企业主要功能		高校与科研机构主要功能		科技服务机构主要功能
			政策引导	财政资助	生产	盈利	技术供给	人才提供	催化加速
企业主要诉求	经济利益	促进科技成果转化；制订评估方案	知识产权保护	税收杠杆；利率杠杆；政府采购；研发补贴	产品转换技术	直接产生经济效益	利用知识势差	知识溢出效应	市场开发；成果推广；收益分配
	风险分担	共担转移风险；衔接国家目标；处理利益冲突；建立信任合作关系	风险应对机制	风险投资基金	产品风险分担	多元化投资与价值调整机制	转化成功率；雄厚的研究实力；良好研究基础	避免研究重复	风险投资；融资担保
高校与科研机构主要诉求	提升科研水平		科技政策；教育政策	科技投入；表彰奖励；研发补贴	反馈技术需求；协同合作；科技成果二次开发	资金支持	合作中加快发展	联合培养；跨学科科研	丰富选题；保护知识产权；成果价值评价
	促进经济发展		科技成果转化政策	技术转移引导基金；经济补偿；服权投入	知识和技术输出	提供研究经费	"链合"模式推广	收益分配；校友捐赠	收益分配
	优化人才培养		人才政策；改革评价机制	人才经费	检验培养方向	优待人才	创新培养方案	高级人力资本；联合培养	技术转移复合型人才
科技服务机构主要诉求	市场完善	资金支持；政策建议；数据提供；市场监管			提供市场需求；培养专业人才；细化社会分工；健全相关制度；增加服务对象				转型升级；持续发展

政府的相关功能在于制定实施有利于创新发展的科技政策、人才政策、科技成果转化政策、区域政策、金融政策等相关政策法规，完善人事体制、社会保障、科技评价机制，为协同创新提供优良的政策环境，形成健全的协同创新政策体系保障协同创新的有序进行。政府通过政策的组合配套构建推动创新发展的优良生态环境，加大对协同创新的支持力度有效干预市场失灵的情况。解决更大范围内企业研发投资的外部性，协调技术创新与知识创新，都需要政府深度参与协同创新[1]。研究表明，政策支持是企业与高校和科研机构合作的主要动力[2]。

政府加大对高科技产业和具有一定技术创新能力的高校与科研机构的投入，可有效引导产业发展方向，优化产业布局，推动科技成果转化，促进知识产权实力强、具有国际竞争力的创新型标杆企业的诞生与成长[3]。政府以税收、贷款、财政补助、政府采购、直接投资、股权投入、直接或引导设立风险投资基金与科技成果转化引导基金等手段为杠杆，可以减小技术创新和科技成果转化的市场风险，提高企业和高校与科研机构协同创新及科技成果转化的积极性[4]。当然，政府在给予支持的同时，应完善金融体制，维护市场秩序，提高资金利用效率[5]，尤其在与国际和地区竞争密切相关的科技领域。

分属不同系统的创新主体需要动力和压力促其开展与加强技术创新和科技成果转化，基于利益驱动的自愿自主协同创新在一定程度上或者在当前发展阶段上缺乏持久动力，政府的组织、引导、管理、协调和对全局的统揽，有利于调动各方积极性，以有效的沟通弥补我国协同创新中信任机制的不足，降低协同成本，释放创新主体在互动耦合中的增值效应[6]。

2. 企业的主要功能

产业具有转换科技成果为现实生产力和直接产生经济价值的功能，并基于市场推动技术创新与进步。根据 3.2 节四螺旋互信息测度结果来看，企业是四螺旋协同创新中较为活跃的部分。

企业通过生产产品、提供服务满足社会需要，通过提供就业岗位维护社会稳

① 宗晓华, 洪银兴. 创新范式转型与中国大学–企业协同创新机制的深化[J]. 高等教育研究, 2013, (7): 1-9.

② Mohnen P, Hoareau C. What type of enterprise forges close links with universities and government labs? Evidence from CIS 2[J]. Managerial and Decision Economics, 2003, 24(2/3): 133-145.

③ 高长春. 长三角区域创新网络协同治理思路和对策[J]. 科学发展, 2018, (9): 35-46.

④ 蓝晓霞, 刘宝存. 美国协同创新主体功能定位研究[J]. 南昌大学学报（人文社会科学版）, 2014, 45(4): 155-160.

⑤ 葛秋萍, 汪明月. 产学研协同创新技术转移风险评价研究: 基于层次分析法和模糊综合评价法[J]. 科技进步与对策, 2015, 32(10): 107-113.

⑥ 张钦朋. 产学研协同创新政府引导机制研究: 基于"2011 计划"实施背景[J]. 科技进步与对策, 2014, 31(5): 96-99.

定，同时，通过科技成果转化和技术创新中新技术的外溢及其导致的边际生产率递增，推动社会生产率的提高和社会进步[①]。产业部门借助协同创新的作用一方面可以利用新技术开拓新的市场领域，另一方面也可以利用新技术加快对传统产业的转型升级，推进创新链与产业链深度融合发展。企业在技术创新和科技成果转化活动中随着知识和经验的累积，创新能力也将得到提升。企业的技术创新能力以及消化吸收科技成果并将科技成果转化为现实生产力的能力也是协同创新中高校与科研机构必须参考的重要外部参数[②]。

知识和技术密集型企业已经成为全球经济增长的主导力量。无论是基于追求卓越或长足发展而进行技术的更新换代，还是迫于利润缩减压力而进行的技术开发，都使得企业通过技术创新带动产品升级换代和产业结构转型升级。企业借助协同创新形成更强的核心竞争力，进而赢得更高的利润回报。同时，企业在享受创新成果带来的经济效益的同时，通过自身的研发经费，对参与协同创新的高校与科研机构进行资助和捐赠等方式反哺科学研究。

3. 高校与科研机构的主要功能

高校与科研机构在科研人才、科研设备、科技文献等方面的优势，使其具备技术供给和人才提供的功能，是协同创新中主要的科技创新源泉。高校与科研机构除教学和科研之外的"第三使命"是将人才培养及科学研究通过科技成果转化工作延伸到产业与市场，促进经济发展。美、日、西欧能在长达百年的时间里实现人均收入持续增长，正是由于科技的发展及其在经济领域的延伸和扩张[③]。科技创新的人力资本在生产过程中正向促进了社会劳动生产率的提升，同时又以闭环循环的方式得到了反馈式的价值提升。高校与科研机构需要能够抓住科技与产业间知识势差的条件和机遇，针对现实的创新问题提供靶向性解决方案，提高科技成果转化效率，更深入地与产业发展融合[④]。

科技人才红利已经替代人口红利成为新的国际竞争优势。高校通过向企业输送毕业生、与企业联合培养人才等方式为企业技术研发与创新积累较高水平的人力资本。同时，除了技术创新所需人才之外，科技成果转化所需要的信息咨询和情报研究人才、法律人才、金融人才以及技术经理人、技术经纪人、专利代理师等，有些高校与科研机构也在培养或者正在计划培养。

① 洪银兴. 产学研协同创新的经济学分析[J]. 经济科学, 2014, 36(1): 56-64.
② 陈世银. 产学研协同创新中的信息保障研究[D]. 武汉: 武汉大学, 2013.
③ 贝克尔 C S. 人力资本[M]. 原书第 3 版. 陈耿宣, 译. 北京: 机械工业出版社, 2016: 19.
④ 洪银兴. 科技创新路线图与创新型经济各个阶段的主体[J]. 南京大学学报（哲学·人文科学·社会科学）, 2010, 47(2): 5-11, 158.

4. 科技服务机构的主要功能

科技服务机构是促进科技创新与推动科技成果从实验室走向生产线和市场的重要环节，在四螺旋协同创新中发挥着桥梁纽带和催化助力的作用。科技服务机构的主要功能是围绕科技创新与转移转化、科技战略决策与规划、全民科学素养培育提供信息咨询服务、技术转移服务、知识产权服务、科技金融服务、创业孵化服务、检验检测服务、科学传播与普及服务等多方面的专业服务。

科技服务机构对资源的依赖程度相对较低，既能催化加速科技成果转化，又能以较低的资源消耗来创造经济价值，促进社会发展。科技服务机构为科技成果转化的各个环节提供全程无间断的服务。科技成果转化从实验室到生产线的"断裂带"等企业和高校与科研机构不易解决的问题往往也需要科技服务业发挥作用、弥补短板。

在科技成果转化方面，科技服务机构通过促进技术供需对接、提供智库型的咨询建议、解决信息不对称问题、对科技成果转化过程进行补链等方式与政、产、研互动并密切相互间的交流与合作关系。此外，科技服务业内部不同类型机构之间的功能也多有互补性并可共同为科技成果转化以及四螺旋协同创新提供支撑，除前述科技金融的功能之外，研究发现知识产权制度和专利协议的完善程度与研发合作倾向密切相关[1][2]。同时，科技服务机构在为协同创新提供有力支撑的过程中也在逐步实现自身的转型升级、提质增效。

5.5.2 科技成果转化信息服务系统面向四螺旋协同创新的运行机制

1. 共享机制

信息的全方位协同是促成政、产、研、服全方位协同的重要原因[3]。信息的全方位协同要求创新主体不再局限于以往始于项目合作又终于项目合作的循环，而应当追求各主体各方面各阶段充分的信息共享。共享机制建立在各创新主体较发达的信息管理基础之上，引导与鼓励创新主体向各方分享和学习。协同创新需要通过信息以及信息背后的联系来联结、凝聚各创新主体。共享机制的落实对科技成果转化信息服务系统在协同创新中的作用具有较大影响。

① Eom B Y, Lee K. Determinants of industry: academy linkages and their impact on firm performance: the case of Korea as a latecomer in knowledge industrialization[J]. Research Policy, 2010, 39(5): 625-639.

② van den Berghe L, Guild P D . The strategic value of new university technology and its impact on exclusivity of licensing transactions: an empirical study[J]. The Journal of Technology Transfer, 2008, 33(1): 91-103.

③ 张钦朋. 产学研协同创新政府引导机制研究: 基于"2011 计划"实施背景[J]. 科技进步与对策, 2014, 31(5): 96-99.

科技成果转化有大量的信息需求，同时也可以有大量的信息储备，本章 5.3.1 节即列出了科技类、经济类、法规政策类、机构类、用户行为类、原始搜集类、运行成效类等 12 类数据信息，这些信息对于科技成果转化乃至对于协同创新发挥着基础性的重要作用。但是这些信息一般归属于各主体各部门各单位，不易统合利用，需要有共享机制来保障。

2. 整合机制

在四螺旋协同创新过程中，需要找到两个或两个以上创新主体的共同关注点并提供相应服务才容易更高效地推动合作。充足的信息汇聚和有序的信息整合有利于更好更快地找到这样的共同关注点。我国《中华人民共和国促进科技成果转化法》中关于科技成果信息汇交的要求也部分反映了信息整合的重要性。因此需要采集与科技成果转化和协同创新相关的各类数据信息资料，探索异构信息有机结合的信息组织模式，应用现代信息网络技术，根据创新主体利用数据信息的需求对信息进行整合，为协同创新走向跨组织、跨区域、跨国别的合作模式打好信息基础。整合机制能够催生"1+1+1+1>4"的协同效应和集聚效应[①]，有利于提高四螺旋各主体间的兼容性，从而促进科技成果转化和协同创新。

3. 网络机制

科技成果转化信息服务系统的网络机制体现了该系统在协同创新中的涉足范围和纵横向关系。这实际上在第 4 章运用 ANP 对四螺旋相互作用下的科技成果转化影响因素的分析中已有体现。科技成果转化信息服务不是孤立的点（比如，不是只对企业或高校提供服务），不是单一的线（比如，不是只单纯从产业链考虑技术薄弱环节），而是纵横交织、互有影响的网。科技成果转化信息服务工作需要根据四螺旋的协同关系、各创新主体的服务对象、针对科技成果转化效率影响因素的各类具体服务内容以明确的网络机制来提升科技成果转化的协同效率乃至于面向四螺旋协同创新的服务效率。通过网络机制的纵横体系，做到协同创新中没有孤岛，每一个点都与其他点相关。四螺旋协同创新涉及并且有利于原始创新、集成创新、引进消化吸收再创新三者的结合以及与此三种创新形式相关的创新主体间的合作，科技成果转化信息服务系统的网络机制有利于推动创新主体突破传统职能的限制参与更多横向和纵向的创新环节。网络机制的成熟与否将影响四螺旋各主体在协同创新中的效率。

---

① 张钦朋. 产学研协同创新政府引导机制研究: 基于"2011 计划"实施背景[J]. 科技进步与对策, 2014, 31(5): 96-99.

4. 信任机制

科技成果转化和协同创新都存在信息不对称问题，该问题极大地制约了科技成果转化或协同创新的效率，而良好的信任机制有助于解决问题。Santoro[1]在调研美国东北部的173家公司高管后发现信任是技术转移的重要推动因素。Duanmu和Fai[2]、徐国东等[3]在其各自研究中也提出了信任可以对协同创新产生积极影响。较多的早夭合作案例反映出合作双方互不信任导致彼此怀疑日渐加深（而科技成果转化的成效常不能立竿见影）从而最终导致合作关系破裂。

科技成果转化信息服务系统通过对信任机制的逐步建设，可以对信息不对称问题的解决有相当积极的影响作用。在我国现有信任机制还不完善的前提下，信息服务系统通过技术交易双方信用评价相关信息的不断累积，勾勒出创新主体的立体形象，用事实数据为机构背书，借助信息共享与信息网络监督创新主体在协同创新中的表现。同时，信息服务系统也作为一个虚拟桥梁为创新主体间真实的互访、交流合作、发展联盟提供了基本信息。信任机制将大幅降低协同成本，释放创新主体在互动耦合中的增值效应。科技成果转化信息服务系统的信任机制可以以点带面为四螺旋各主体的互信合作及四螺旋协同创新奠定良好基础。

5. 反馈机制

信息传递有反馈回路，系统的迭代更新需要有反馈机制。科技成果转化信息服务系统提供的信息不应该也不能是"一次性"的，需要通过各类服务对象的反馈信息来厘清现有服务的不足、与满足用户实际信息需求的差距，在根据持续的反馈信息不断解决问题的过程中优化信息系统的性能，提升协同创新的能力。四螺旋各主体都有信息反馈的需要，例如，专利奖励或补贴政策通过对专利申请费用的奖励或补贴，减少专利申请成本，这虽然促进了我国专利申请量的迅猛增长，甚至在一定程度上繁荣了专利代理机构等相关科技服务机构，但是对于提高专利质量的作用效果并不明显[4]，通过运行过程中的反馈，现在国家相关部门已在大力纠偏，并已有明显效果。各创新主体在发挥自身职能作用的同时，通过反馈机制促进自身的提质增效与升级。

① Santoro M D, Bierly P E. Facilitators of knowledge transfer in university-industry collaborations: a knowledge-based perspective[J]. IEEE Transactions on Engineering Management, 2006, 53(4): 495-507.

② Duanmu J L, Fai F M. A processual analysis of knowledge transfer: from foreign MNEs to Chinese suppliers[J]. International Business Review, 2007, 16(4): 449-473.

③ 徐国东, 郭鹏, 于明洁. 产学研合作中的网络能力对知识转移影响的实证研究[J]. 情报杂志, 2011, 30(7): 99-103.

④ Fisch C O, Block J H, Sandner P G. Chinese university patents: quantity, quality, and the role of subsidy programs[J]. The Journal of Technology Transfer, 2016, 41(1): 60-84.

科技成果转化信息服务系统通过机制建设可促进政、产、研、服四螺旋间复杂多样的信息的流动效率在整体上得以提升，从而赋予协同创新新的可能性。

6. 旋转门机制

"旋转门"（revolving door）一般指政府官员、专家学者、商界精英等个人在公共部门（如政府）和私营部门（如企业）之间双向（既可从公共部门到私营部门，也可从私营部门到公共部门）转换职业角色并基于自身的知识经验与人脉渠道为所在部门提供高价值服务的现象和机制，在美国尤其显著，广泛存在于政府与智库间、政府与企业间、军情机构与企业间等若干方面[1][2]。虽然"旋转门"机制需要在法律、管理、道德、舆论等方面受到监管和制约以免影响决策与盈利的公平性、客观性，但是总体上看，"旋转门"机制是有效率的。

围绕四大创新主体、基于四螺旋模型的科技成果转化信息服务系统，可以并且应当借鉴"旋转门"机制，通过信息服务引导甚至自身实际参与来促进以高层次人才为代表的创新要素在各创新主体间加速流动；以人员身份转换或叠加（4.2.2节所述的德尔菲专家咨询小组中，即有半数专家身兼两个以上职业身份），带动人际关系网络承载的科技、产业、政治、服务等其他要素流动以发挥更大的科技成果转化功效。科技成果转化是综合性较强的任务，需要多个领域的专业人才共同发挥作用，"旋转门"机制不仅有利于发挥人员专长、优化人力资源配置，同时也减轻了各创新主体自行培养相关人才的负担，并且最为重要的是，它强化了科技成果转化所需要的在深度了解基础上的互动、交流、合作的高质量人际关系网络。

5.6　本章小结

基于四螺旋模型的科技成果转化信息服务系统是以促进科技成果转化为宗旨，主要面向科研界和产业界同时借助政府力量并与科技服务机构其他单元合作，围绕科技成果转化提供多层次多类别、线上线下相结合、专家智慧和现代信息技术手段相结合的专业化信息服务的系统。该系统属于第四螺旋科技服务机构，同时又服务政、产、研、服全部四螺旋。

该系统的宗旨是：通过不断优化完善的工作体系、工作网络和工作模式，加强信息服务对政、产、研、服在科技成果转化相关工作方面的支撑、保障和引导、促进作用，促进四螺旋协同度的提升，解决或者缓解科技成果转化工作中与信息

---

① 王莉丽. 美国智库的"旋转门"机制[J]. 国际问题研究, 2010, (2): 13-18.
② 宋世锋. 美国军事情报机构的"旋转门"现象[J]. 当代世界, 2009, (4): 34-36.

相关的障碍与瓶颈问题，让信息流逐步引导技术流、资金流、人才流，疏通科技成果向现实生产力转化的通道，提升科技成果转化的效率与质量，促进科技成果转化的发展。

该系统的研究与建设遵循问题导向、联动协同、增值造血、兼容开放的原则，贯彻情报工程学的理念，从信息组织与数据库建设、软件工具集成应用与开发（其中也包括对分析研究方法的探索和运用）、专家团队组织等方面开展和加强相关工作。在信息组织与数据库建设方面，归纳了科技类、经济类、咨询类、法规政策类、机构类、人才类、设施类等七类数据信息资源并列举了相关数据库，提出了系统运行中需要组织加工的用户行为类、信息发布类、原始搜集类、视频演示类、运行成效类等五类数据信息。在软件工具集成应用与开发方面，根据政、产、研、服的服务对象划分，共提出了 21 种软件工具，其中部分已有成熟的商业软件（如专利技术可视化分析系统）或公益软件（如社会网络分析系统），部分软件在笔者主持的课题研究中已有探索性开发（如技术供需信息自动关联分析系统、科技成果评价专家维基系统等），还有部分软件工具有待开发。在专家团队组织方面，强调科技成果转化工作所需要的多个领域的专家的不同作用，强调团队成员专业知识的多元性和团队专家分工与协作的重要性。

基于该信息服务系统，本章提出了常规、深度、跨界以及与软件工具相关的各类科技成果转化信息服务；针对技术交易中信息不对称核心问题系统提出了四种解决方式：①专业、客观的第三方科技成果评价；②技术需求辅助辨识；③包括技术诀窍的部分专利技术的"先试用后付费"模式；④在科技成果转化类合同里设置对赌条款，并在市场总体信用不足的前提下提出局部的、基于科技成果转化信息服务系统的技术交易信用评价系统的建设原则。针对第 4 章分析的四螺旋相互作用下科技成果转化的影响因素，本书逐一提出了相应的信息服务类型。同时，基于四螺旋各主体的诉求与功能，分析了科技成果转化信息服务系统的共享、整合、网络、信任、反馈等机制。

第6章 科技成果转化信息服务系统建设探索

在某省经济和信息化厅、某市科技局的支持下，笔者申请承担了某省重大产业技术创新专项课题和某市创新育成专项课题两个科研项目，将本书的基于四螺旋模型的科技成果转化信息服务模式理论研究结果，与某省、某市的现实需求相结合，分别设计了两个科技成果转化信息服务系统——基于 PC 端的"某省联创通"系统、基于移动端的"某市科创通"系统的建设内容与服务功能。由此，本书研究和设计的科技成果转化信息服务系统的主体功能在现实中得到了实践运用。

6.1 基于 PC 端的"某省联创通"系统

6.1.1 建设背景

近年来，随着创新驱动发展战略的大力实施，以科技创新为核心，市场牵引、主体活跃、制度促进、环境优化的全域创新、全面创新格局正在某省形成。在转变经济发展方式、推进企业技术创新、完善技术创新体系的进程中，某省取得了一定成绩，但同时，伴随国家逐步将科技资源转移到企业和产业领域，仍需要进一步提升企业对技术创新的重视程度与价值创造能力。

"某省联创通"平台建设的目的是面向产业和企业创新发展的省级层面，打造产业技术创新信息数据中心。"某省联创通"是一个由政府、企业、金融、科研院所和社会组织等多层次主体参与，包含政策、资金、人才和信息等要素与资源的综合性服务平台，旨在为全省的产业技术创新提供一个基于互联网思维、资源丰富、开放运作、兼容并蓄的信息平台，重在以科技信息服务进一步激发与催化创新系统中各要素活力，以信息流引领技术流、资金流、人才流，从科技咨询、知识产权、技术转移、科技金融、人才培养等多方面广泛推动某省企业的转型发展和产业的创新发展。

6.1.2　总体思路

1. 建设目标

平台旨在进一步完善某省技术创新体系，通过数据资源整合、相关服务系统与辅助工具的建设，从科技金融、设备租赁、人员培训、科技咨询、知识产权、产业技术评价、科技成果转化和评价、数据库群等方面全面满足产业技术创新发展需求，促进某省产业技术的创新发展和转型升级，为创新驱动发展战略在某省的深化实施提供科技支撑。

平台运用互联网思维塑造某省产学研合作新模式，以期加速企业与科研单位、高等院校、中介机构以及金融组织之间资源的共享和利用，拓展科技信息的共享层面，降低企业获取信息的门槛，让信息资源充分流动、共享，帮助解决企业在创新发展中面临的人、财、物方面的问题。通过科技成果、科技需求、专利等相关数据库的建设以及产业技术价值评估系统、技术创新与成果转化评价服务、科技金融服务等建设，发挥高校和科研机构与企业之间科技成果转化的催化剂和纽带作用，提高科技成果的转化应用效率，促进科技成果的转移转化，激发产业领域的创新欲望，解决企业在科技成果转移转化、产品孵化中的资金对接问题。

2. 建设原则

（1）操作简便性。按照用户的使用习惯和特点进行整体设计，提高用户体验。

（2）创新性。面向某省产业技术创新发展需求，基于转移转化、科技金融、成果评估等方面相关理论研究，结合先进的信息技术，通过技术和服务创新，构建与用户个性化需求相适应的服务工具，面向用户提供创新性特色服务。

（3）品牌性。全面打造"某省联创通"的品牌效益，形成特色鲜明、功能全面、服务高效的品牌性服务网站，增强用户黏度。

（4）安全性。订制统一的网络安全策略，采用过滤技术、状态检测技术、应用网关技术、数据加密与用户授权访问控制技术等，预防网络攻击和病毒传播。

（5）高可靠性。从服务器配置、操作系统功能配置等多方考虑，强化网站的冗余、容错和备份能力，合理设计网站架构，制定可靠备份策略，保证系统可靠运行。

（6）可伸缩性。坚持模块化思想，将相关的系统分割为若干个低耦合、独立的组件模块，通过消息传递或依赖调用的方式聚合成一个完整的系统，通过增加（或减少）自身资源规模的方式增强（或减少）处理业务的能力。

（7）可扩展性。平台整体设计中尽量减少应用之间的依赖和耦合，使平台可对需求变更进行快速响应。后台数据库的设计具有高度的扩展性。

（8）可维护管理性。优化对设备、端口等的管理及流量统计分析，有效地降低技术支持的花费。

（9）成本控制。在确保较好拓展性和开放性的前提下，尽可能节省平台建设成本，同时建设基于 Web 界面的管理后台，便捷后期运维，节省网站运维成本，提高信息更新和传播效率。

3. 建设思路

1）功能需求

基于对创新体系各主体的调查访问研究，将"某省联创通"的功能需求分为三个层次：基础的信息服务需求；面向产业创新发展需要的科技成果转移转化、知识产权、技术创新与成果转化评价、产业发展的战略研究等深层次的咨询服务需求；技术研发创新和科技成果转移转化过程中所需的一些创新辅助工具。

（1）基础的信息服务需求。产业技术创新发展中所需的信息服务，经调研，大致包括政策法规、科技成果、专利、企业技术需求、专家和相关中介机构等信息。

（2）产业创新咨询服务。面向产业技术创新主体主要集成：科技成果转化与技术转移服务、产业技术分析服务、技术创新与成果转化评价服务（技术研发立项前景评价、技术先进性与产业化潜力评价、成果转化应用价值评价、企业技术创新能力评价等）、知识产权信息服务、科技金融服务、企业创新设备租赁服务、企业创新人力资源培训服务、科技查新服务、专利组合分析与推荐服务。

（3）创新辅助工具。重点开发科技与产业信息动态监测系统、产业技术情报主题研究报告自动生成系统、新产品鉴定服务系统、产业技术价值评估系统、在线科技咨询系统、实时资讯个性化订制与推送系统、创新技术在线展会系统、创新技术在线竞价系统、个性化智能推送系统、信息关联与整合系统、企业与科研机构信息管理系统、中小微企业信息托管系统、社交网络嵌入及移动终端服务系统。

2）性能需求

（1）系统容量需求。支撑静态用户数 3000 个以上，动态用户数 1000 个以上。在 200 个用户的负载下网站所有业务能够正常且稳定地运行。

（2）容灾需求性能指标。每分钟能够完成业务 500 次以上，每天能够完成业务 70 万次以上。

（3）稳定性指标。网站有效工作时间 99.5%以上，Web 服务持续稳定工作时间 72 小时以上。

（4）业务处理性能指标。在业务高峰期，每分钟能够同时处理 150 次数据维护更新操作、100 次数据查询操作。在 150 个并发用户访问时，确定条件的信息查询响应时间不超过 8 秒。每次业务的响应时间在 5 秒内。登录要求响应时间在

5 秒内。业务处理时间达 4 次/秒以上。TPS（transactions per second，每秒传输的事务处理个数）150 次以上。

（5）网络宽带需求。假设每笔业务处理需要 30 千比特/秒的流量，假设年吞吐量为 140 万吨，考虑到并发情况以及网络利用效率等问题，假设网络效率损失为 60%，则宽带需求为 100 千字节/秒。

3）总体框架

网站框架可分为四个层次。最底层是物理层，主要包含公共网络、无线通信网及局域网等相关网络设施，服务器系统、存储备份系统、操作系统、辅助系统等相关的软硬件设备的建设和部署。数据层，负责数据库的访问。业务层，位于数据层与表现层中间，主要负责数据的采集、维护、访问及交换。表现层，主要为客户端提供应用程序的访问。整体框架如图 6-1 所示。

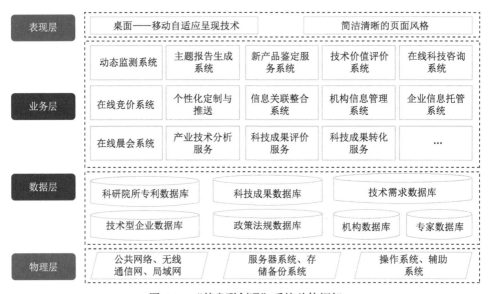

图 6-1　"某省联创通"系统总体框架

6.1.3　功能模块

1. 数据资源

遵循信息全面整合与专题分类相结合的原则建设了产业技术创新数据资源库，通过调研、现实采集、问卷反馈、多系统对比等多种方式相互校验，提高数据的完整性；建立数据资源动态更新机制，定时定期对数据资源进行更新和完善，以确保资源的准确性和实时性。

建立分级权限的数据管理机制。一般性数据，可面向所有人员开放；涉及经济、人员等信息，需登录后视权限酌情开放。同时，建立事前诊断、事中控制、事后分析的数据安全策略，尽可能杜绝可能的数据非法访问。为防止数据被恶意下载或使用，大流量数据访问浏览只针对注册用户开放。

结合学科分类，组织构建了某科研院专利数据库、科技成果数据库、企业技术需求数据库、某省技术型企业数据库、政策法规数据库、机构数据库以及专家数据库。

1）某科研院专利数据库

某科研院各研究单位的专利数据，提供专利名称、申请号、公开号、公开日、申请人、发明人、摘要、主权项、IPC、法律状态等相关信息。

2）科技成果数据库

相关高校、科研机构及企业等上报国家、科技部的科技成果信息，提供成果的名称、公布年份、完成单位、项目年度编号等相关内容。

3）企业技术需求数据库

搜集梳理了企业的现实需求，对企业技术需求的别类、需求详细信息、合作方式、联系方式等信息进行了标引、分类，在平台上进行展示。

4）某省技术型企业数据库

通过调研、走访搜集整理的某省技术型企业相关信息，包括企业概况、发展规模、经营产品、联系方式等。

5）政策法规数据库

整合了科技、知识产权、技术创新、财政税收、国家及地方政府项目支撑等政策法规资源，进行深度加工。提供全文检索、专题检索，为技术创新主体提供了一个快速准确查阅相关法规和政策的窗口。

6）机构数据库

梳理整合了某省省内科研机构、大专院校、大型企业以及代理、法务、金融等中介代理机构信息，分别建立了科研机构数据库、大专院校、企业及中介机构数据库。

7）专家数据库

梳理高校、科研机构主要学术带头人以及企业学术领军人物信息，分类提供，为企业的咨询及产业发展提供强大的咨询中坚力量。

2. 软件工具

1）科技与产业信息动态监测系统

基于 robot（机器人）的 Web 信息检索（information retrieval，IR）、智能信息检索等相关信息自动获取技术，制定适合科技信息智能获取的方法和策略，梳理科技、产业、行业发展前沿相关信息源，定期采集相关资讯在平台集中显示，并定时向相关用户推送，及时有效揭示领域内的国内外知名机构、龙头企业的科技创新态势。

2）产业技术情报主题研究报告自动生成系统

对期刊、学位、专利、科技报告等异构数据源进行整合、聚类，构建分析指标，通过基于事实型数据的聚类挖掘分析，可实现根据用户提供的信息快速对相关主题信息源进行聚类挖掘分析、专题分析报告可视化呈现，为用户了解领域态势及前沿提供参考辅助。

3）新产品鉴定服务系统

可实现对新产品新技术的新颖性、技术水平、技术性能、采用标准和生产工艺条件的评价，考核新产品试（投）产或新技术在生产中试（使）用的工艺路线、技术装备、检测手段、质量体系等的可行性、安全性，以及其卫生、节能、环保达标情况，预测和评估市场前景、社会经济效益等，形成综合评估报告反馈用户。

4）产业技术价值评估系统

建立专家维基评估机制，组建专家组，基于国家知识产权局"专利价值分析指标体系"，建立供专家维基的基本模板，以德尔菲方式开展专利价值评估，向相关会员提供系统生成的专家维基评估报告。同时，在严格的专家维基基础上，对于非保密专利评估，酌情提供面向社会的、开放的、针对特定专利技术的维基评估渠道，促进社会公众对于专利评价及技术转化的关注与参与度。

5）在线科技咨询系统

面向产业技术创新过程提供科技成果转化与推广、战略决策咨询、科技融资、科技文献查阅等咨询服务，用户登录后可在线咨询。进一步强化在线实时咨询功能，研建智能在线应答系统。

6）实时资讯个性化订制与推送系统

通过构建有效的客户端消息监听机制、信息推送机制，完成了实时资讯个性化订制与推送系统的开发设计，系统可根据用户的个性化订制需求和用户数据分析，向用户定时集中推送相关信息。

7）创新技术在线展会系统

现阶段，已通过与政府相关部门的合作、网络收集等多种渠道，汇集、加工了某省内科技成果转移转化相关展会信息，在平台及时发布，并对重大展会进行跟踪报道。

下一步，将利用信息化技术手段，开发包含信息发布、挂牌公示、展示推介、交易等服务在内的在线展会系统，引导和召集技术、人才、资金、政策等创新要素在约定的时间内，实现科技成果的在线同步对接。技术买卖双方在注册之后可以通过这个系统，享有信息发布、挂牌公示、展示推介、技术对接等服务，利用可视化技术构建在线展会体验馆，让技术交易双方更加直观和全面地对供需信息进行了解和把握。

8）创新技术在线竞价系统

系统用户在进行技术交易的过程中可在某项技术报价规定时间内，查看技术的竞价情况，提交修改自己的报价，系统将根据时间和价格优先原则向技术提供方提供候选者名单，由技术提供方确认并进行公示。

下一步，将研发在线合同功能。利用数字签名、电子签章等技术，构建在线签约系统，交易双方可在线拟定合同，并通过在线交流对合同进行协商和协同修改。

9）个性化智能推送系统

结合大数据和基于内容推荐、协同过滤推荐、基于关联规则推荐、基于效用推荐、基于知识推荐、基于组合推荐等个性化推荐算法，系统综合用户属性与偏好、技术内容、用户社交关系等信息，挖掘用户的喜好和需求，主动向用户推荐其感兴趣或者需要的信息和技术，为用户提供个性化的信息服务和决策支持。

10）信息关联与整合系统

对系统的多种类型信息：新闻、期刊、专利、专家、成果、企业、设备、科技需求等进行整合、关联挖掘，尤其是需求与技术信息，为用户提供一种"整合"服务。

11）企业与科研机构信息管理系统

企业和机构用户可以通过登录系统完成机构各种数据的录入、更新、恢复和导出，包括机构的基本信息、业务信息、相关经济环境信息等，为用户提供机构基本信息的查询、分析、统计和管理等服务，透过数据进行分析、管理，方便用户能够快速地、全面地寻找到有关企业和科研机构。

12）中小微企业信息托管系统

中小微企业在发展过程中面临着技术、资金、资源有限等问题，在企业信息化设施、技术以及管理等方面存在着一定的需求。"某省联创通"平台为设备资源有限的中小微企业提供空间托管服务，可按需提供虚拟机、存储等系统资源的服务，推动相关中小微企业的信息化管理和建设。

13）社交网络嵌入及移动终端服务系统

将微信、微博等主流社交网络工具及客户端嵌入整合到了联创通门户网站上，建立了平台的企业管理账号，实现了信息在社交网络与平台间的同步，以此拓展了用户信息获取和共享的渠道。完成了移动终端服务系统的建设，在移动终端上集成了平台的主要数据、工具和服务。通过移动终端开发技术，用户可以随时随地获取相关信息与服务。

3. 服务集成

1）科技成果转化与技术转移服务

构建了供需信息采集、发布管理系统，对科技成果、技术等现实供需信息进行采集、发布。数据的采集分为三个层次。一是相关主体通过自身账号在平台进行及时发布，由管理员统一审核、按照元数据、关键词标引形式分别汇编入库；二是通过合作和授权的方式，与相关机构建立数据接口，主动采集来自各大机构的统计数据；三是通过调研、问卷反馈、走访等形式，获取信息并汇编整理入库，由管理员在平台进行发布。

系统提供两种信息发布模式：①用户可通过"找技术"和"有技术"两个按钮登录供需信息发布平台，发布相关信息；②未登录注册用户可通过系统提供的快速信息发布栏进行供需信息发布申请，由管理员审核后再发布。

构建了重点专利推荐区，结合科技成果转移转化主体的浏览及检索需求，分类别将最新的和重点的成果、技术以及需求信息及时展示推荐给相关的用户，并提供科技成果转移转化中介服务，为科技成果转化双方搭建起沟通的桥梁，根据买家和卖家意向，双向沟通协调。

2）产业技术分析服务

建立产业技术分析服务接口，组织构建专业的产业技术分析服务团队，以"线上+线下"的服务模式，面向国家和区域产业集群、战略性新兴产业和主导产业、重点企业、高新技术企业等，围绕产业和企业在创新转型过程中亟须的技术、专利及市场等需求，提供以下服务。

（1）提供产业领域态势监测服务，跟踪监测产业进展，通过数据关联挖掘，为客户提供行业、市场、技术、产品、政策等动态资讯。

（2）开展产业技术竞争情报研究，瞄准产业升级关键核心技术和战略布局，向客户提供产业技术分析报告，为前沿技术的发展趋势研判和产业化提供决策依据。

（3）开展竞争情报的理论与方法研究，以及在区域发展战略研究、产业技术分析导航、信息平台建设运行、科技成果转移转化等方面的实际应用。

3）技术创新与成果转化评价服务

（1）企业技术创新能力评价。从创新能力构成要素、技术创新过程、创新能力影响因素等多个角度，设计了包含技术创新投入能力、技术创新产出能力、技术创新管理能力、技术创新环境能力等基础指标的评价指标体系，结合模糊综合评判法、AHP、德尔菲法等方法，设置合理的指标权重，开发完成了企业技术创新能力评价系统。

用户可通过该系统，在线申请评价并提交市场销售报告、企业研发设备情况、企业人员情况等评估所需的相关材料，由系统管理员组织引导专家按照评价指标体系对其进行评估，生成评估报告以供用户下载和查看。

（2）技术研发立项前景评价。用户可登录系统，在线提出评估申请，上传项目申请书、市场调查报告、研发设备情况说明等项目评价必须材料。系统管理员组织专家按照评价指标体系对其进行评估，形成评估报告。

技术研发立项前景的层次性评价指标体系是该系统的关键。系统设计了包括项目产品市场前景、政策、资金保障，项目技术先进性，项目人力保障，项目风险控制，项目投入产出（包括经济效益、社会效益）等多个角度的指标体系。

（3）技术先进性与产业化潜力评价。系统从技术水平和学术水平视角，从技术创新性、技术可靠性、技术成熟度、技术时效性、技术竞争力、行业产业贡献、技术专利、论著水平、学术创造性等方面，对技术先进性进行评价。

用户可通过在线委托的形式，提交科技查新报告、研制报告、背景材料、技术成果的审批文件、论文发表收录及引用证明材料、知识产权证明材料等，向平台提出申请。平台将组织相关领域的专家按照评价指标体系对其进行评估，并最终生成评估报告，以供用户下载和查看。

（4）成果转化应用价值评价。用户可在线提出申请，并需向管理员提供科技查新报告、研制报告、背景材料、成果的审批文件等评估所需的相关参考材料，由管理员组织相关专家按照成果转化应用价值评价指标体系进行评估，并形成相应的评估报告。

在成果转化应用价值评价指标的设计中，系统根据科技成果的生命周期，综合考虑成果先进性、技术成熟度、技术适用范围、成果转化投入、成果转化社会经济效果等方面，建立了以技术指标、转化指标、市场指标和效益指标为一级指标的多层级成果转化应用价值评价指标体系。

4) 知识产权信息服务

提供知识产权信息检索和分析服务；开展知识产权前沿信息监测服务，对国内外知识产权管理规划、政策动向、技术领域专利创新态势等进行跟踪监测；配合科研项目组，提供面向重大专项的专利分析服务，分析项目涉及技术知识产权现状与发展态势，针对重点主题技术，开展技术空白点、创新点、核心专利、潜在风险等的分析；面向产业，展开重点领域的专利分析服务，为科技创新管理部门、企事业研发部门提供决策咨询和参考。

5) 科技金融服务

对包含银行、证券公司、风险投资机构等在内的科技金融服务机构信息和创业投资、金融和科技保险类的相关政策信息进行梳理，构建科技金融服务机构和政策数据库，为用户提供科技金融信息查阅服务、政策咨询和政策解读，帮助企业有效规避科技新发展、新政策、新法规带来的信息不对称风险。

下一步，将进一步加强与金融机构的合作，研究金融机构的引入机制，协助用户与各融资机构建立合作。进一步建设科技金融的在线服务系统，研究构建资金和技术研发之间双向对接的模式，用户登录系统可在线查看融资机构的信息，获取与融资机构对接的渠道，融资机构可登录系统在线了解技术方的技术研发情况和技术实力，通过评估和在线竞价系统，实现在线融资对接。完善科技金融服务评价体系，对融资双方的资质和交易过程进行监管，建立信用评价等级制度，对融资双方的交易行为进行监督和管理。

6) 企业创新设备租赁服务

依托某省经济和信息化厅和某省技术创新服务中心的资源，对设备租赁公司、大型企业、高校以及科研机构的闲置设备进行统计分析，面向有设备租赁需求的企业提供设备租赁服务，解决部分企业购买大型设备困难的问题，避免一些共性的大型设备的重复购买，让闲置设备得到充分利用，进一步降低企业的运营成本。

7) 企业创新人力资源培训服务

针对省内重点发展的产业，面向企业尤其是中小企业的实际需求，依托专家资源，开展培训活动，解决企业发展过程中的实际困难，和企业一起打造人才队伍。

建设了在线培训系统。搜集产业技术创新相关的培训、学术论坛以及讲座等信息，并在平台展示，并为用户参加培训提供信息获取渠道。对组织开展的培训活动进行跟踪报道，对培训视频、课件等进行汇总编辑，方便用户在线下载和查看。

8）科技查新服务

构建了科技查新服务在线服务接口，面向企业科技立项、科技成果鉴定、成果申报奖励、专利申请、技术引进及新产品开发等需求，依托某科研院情报中心丰富的科技文献资源和专业的查新服务团队，提供科技查新服务，为科技人员进行研究开发提供可靠而丰富的信息，为科研立项以及成果的鉴定、评估、验收、转化、奖励等提供客观依据。

9）专利组合分析与推荐服务

单件专利技术通常难以发挥其应有的促进作用，出于战略的考虑，为了弥补单件专利专有权有限性的缺陷，避免侵权诉讼，确保专利设计，越来越多的企业将关注的焦点从单件专利转移到专利组合。系统结合现有的专利组合分析指标、专利相似度分析、专利互补性分析等方法，提供专利组合分析与推荐服务，打造专家团队对现有的专利尤其是重点行业领域的专利进行分析加工，将相互联系的多个专利进行打包集成，形成专利集合体，向客户进行展示和推荐，以便发现专利申请的空白区域和某领域的技术热点。

6.1.4　技术开发

"框架稳定，内容完善，服务创新"是联创通平台的开发与建设原则。联创通平台采用业界成熟的基于 Java 的开发框架 Spring SSH。

1. 开发环境

1）服务器环境

硬件环境：Intel Pentuim4 Xeon 1.6 GHz CPU 以上；128 GB DDR2 内存；1.2 TB 硬盘容量。

操作系统：Windows Server 2008（X64）。

支持环境：Tomcat 7.0。

JDK 环境：JDK1.7。

数据库：MySQL 5.5。

2）用户环境

操作系统：Windows 7，Windows 8，Windows10 或 Linux。

支持环境：IE10 以上及其他兼容浏览器。

2. 技术架构

平台的整体架构从上而下可以分为四个层次：表现层、业务层、数据层和物理层。

平台的逻辑流程设计如图 6-2 所示。当用户发送某请求时，系统会先核对用户信息，然后将用户的请求信息交给对应的模块进行处理，从数据库中返回用户需要的数据。数据处理模块会将数据封装为对象并对页面进行更新，并将页面返回给用户。

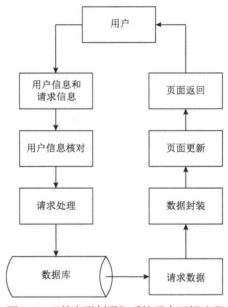

图 6-2　"某省联创通"系统平台逻辑流程

6.1.5　运行机制

打造"某省联创通"政产研服协同创新运行机制，通过不同创新主体的创新要素进行有机配合，形成目标驱动、要素聚合、组织机制强化、优势互补的协同运行机制。

各"螺旋"有机契合。政府虽然不直接参与到联创通的运营过程中，但在整个运行过程中，是构建政产研服协同创新运行机制的关键要素，对联创通的运行提供重要的支持和引导。企业是整个创新活动中最大的动力源，政府、高校、科研机构以及科技服务机构等要素都是紧紧围绕企业的创新需求而展开的。高校有着丰富的人才、知识和科研硬件设施，一方面通过人才的流动将前沿的知识和技术输送到政府、企业和科研机构，另一方面其研究成果和研究实力是企业技术创新的重要合作伙伴。科研机构长期从事应用研究以及有应用导向的基础研究，可以直接为企业提供科技成果。科技服务机构，起着沟通协调和桥梁的作用，服务于技术创新整个过程。

　　建立协同创新的平台运营团队。为充分调动技术创新主体的积极性，保障各方利益，拟设立协同创新的平台运营团队，团队的成员主要由某省经济和信息化厅、某院情报中心、某省技术创新服务中心以及相关行业代表性企业的主管负责人和专家学者组成。平台运营团队负责平台运行的组织、协调以及相关重大事件的决定，明确各方权责和人员、资源、成果、知识产权归属。平台运营团队通过年会形式，协商与决策平台相关重大事务。依托团队探索成立产学研协同创新联盟，让省内高校、科研机构以及龙头企业在平等、自愿互利的基础上通过契约的形式结成战略技术联盟，在一定条件下开展联盟内成员间信息、技术和设备等资源的共享，在契约规范下合作开展技术研发、成果转化及孵化，促进技术研发与需求对接，推动相关产品技术研发和应用推广，鼓励企业和科研机构建立有效的沟通和反馈机制，解决好基础研究和成果转化及产业化发展之间的问题，形成有效的技术创新协同机制。

　　构建资源开放共建共享服务模式。对区域内产业信息、政策信息、仪器设备信息，以及高校、科研机构和企业的科技资源信息等进行整合，促进相关资源开放共享，减少低水平的重复研究现象，实现资源的有效利用。

　　成立平台运行维护管理小组。小组成员主要由项目承担单位相关技术人员组成。运维小组对网站进行定期更新与维护，保证网站信息时效性。利用技术手段，对网站利用情况，特别对用户关心的内容进行统计、分析和评估。定期开展调研，评估网站各个栏目和应用，为网站升级提供依据。

　　组织平台分析咨询专家网络。"某省联创通"的建设面向的是某省产业的发展，对于相关的产业问题、科技成果评估评价、新产品鉴定等都离不开相关领域内的专家以及掌握经济、知识产权知识的相关专业人才。分析咨询专家网络的建设按照"小核心大网络"思路，小核心是由项目承担单位牵头，加强与本地区科研机构和龙头企业的合作，邀请或者聘用领域内知名学者或企业技术骨干组成小核心专家网络团队。在此基础上，通过与国内外相关的高校、科研机构或龙头企业合作，通过客座研究员、访问学者及临聘专家的形式，形成外围专家顾问团队。

　　打造平台专业服务小组。小组成员以项目承担单位相关科技服务人员为主。培养科技成果转移转化、产业技术分析、创新评价、知识产权、科技金融、科技查新、专利组合分析与推荐等方面的专业人才，面向技术创新全过程提供有偿的技术咨询服务。随着平台的发展，这将是平台后期运行和维护资金的主要来源之一。

宣传推广。主要由合作单位负责，由项目承担单位协助，通过举办相关的会议、学术论文、走访等形式进行推广宣传。

促进可持续发展。这是平台资金的来源。建设之初，平台还处于推广宣传期，平台的服务多以公益性和推广性为主，此阶段以政府的项目扶持资金为主。随着平台相关工作的开展和运行，可通过面向区域内产业提供有偿的分析报告、成果评价、成果转移转化等相关的增值知识服务，获取资金回报作为平台运行的主要资金来源。同时，通过平台的运营和发展，进一步加强与金融机构、各类创业投资基金、产业投资基金以及其他社会资本的密切合作，建立公平的利益共享机制和运行监督机制，拓展资金的获取渠道。

6.2　基于移动端的"某市科创通"系统

该系统初期暂建于"某市联创通"微信公众号，已于 2019 年 5 月整体迁移并替换某市科技局管理的"某市科创通"微信公众号。

6.2.1　建设背景

2013 年，国务院办公厅下发《关于进一步加强政府信息公开回应社会关切提升政府公信力的意见》[1]。2016 年，"互联网＋政务服务"被首次写入政府工作报告，我国开启"互联网＋政府服务"的制度建设[2]。2017 年，国务院办公厅印发《2017 年政务公开工作要点》，首次提出对政务新媒体的要求[3]。李克强在 2018 年政府工作报告中再次提出要深入推进"互联网+政务服务"，让更多事项能够在网上办理[4]。政务微信就是在"互联网+政务服务"模式下结出的最新硕果。

"某市科创通"微信服务平台正是政府落实"互联网+政务服务"的成果，是政府转变政府公共服务理念和服务模式的积极探索。"某市科创通"从服务型政府建设要求和政务微信平台特征出发，通过理论阐述、比较分析和实证研究，结合某市产业经济发展需求，特别是制造业发展需求，打造了传递科创相关政策、提供咨询服务、倾听社情民意、回应社会关切和引导网络舆论的新工具。

① 关于进一步加强政府信息公开回应社会关切提升政府公信力的意见[EB/OL]. http://www.gov.cn/zhengce/content/2013-10/18/content_1219.htm[2013-10-18].

② 2016 年政府工作报告[EB/OL]. http://www.gov.cn/guowuyuan/2016zfgzbg.htm[2016-03-05].

③ 国务院办公厅关于印发 2017 年政务公开工作要点的通知[EB/OL]. http://www.gov.cn/zhengce/content/2017-03/23/content_5179996.htm[2017-03-23].

④ 2018 年政府工作报告[EB/OL]. http://www.gov.cn/guowuyuan/2018zfgzbg.htm[2018-03-05].

6.2.2　总体思路

1. 建设目标

贯彻创新驱动发展战略和全面创新改革"一号工程"的要求，面向某市创新创业和产业经济特别是制造业的发展需求，结合科技管理和科技服务需求，聚集资源、聚焦问题，从政务服务、成果转化、科技服务三个主要方面提供专业、深入、便捷的信息服务。政务服务方面，及时向各类创新主体发布某市科技局工作动态、政策信息、项目申报指南、创新创业指南，并组建相关机构微圈；成果转化方面，发布科技需求信息、推介优秀科技成果，提供成果评价服务，开通线上展会，通过科技商城展示本地科技成果；科技服务方面，推广某市科技局的创新券、专利质押等服务，开通在线科技助手，提供智库咨询窗口，推动科技与金融相结合。

"某市科创通"通过建设贯通创新链、产业链、政策链、资金链的微信服务平台，致力于促进某市科技成果转化和技术转移、科技政务信息传播、科技资讯和科技金融发展、传统产业升级和新兴产业发展，提供高效的科技服务，进而促进某市更多领域更大范围的科技创新发展。

2. 建设原则

系统的基本建设原则，同 6.1.2 节。同时，以政务公开工作相关为指导，"某市科创通"建设还特别强调了以下原则。

（1）系统性。将同类型、杂乱的政务资讯进行系统性、专题化的板块归纳，缩短受众找寻资讯的时间。

（2）针对性。政务微信内容的核心属性，是将微信公众服务平台内容更精细、深入、贴近地阐述，有针对性地对不同人群进行局域性、领域性的信息传播。

（3）可读性。平台内容需达到语言轻悦化、数据可视化、场景体验化。

（4）开放性。充分发挥新媒体媒介开放性强、灵活性强的特点，将新媒介与传统媒介的形式相互结合，传播信息。

（5）互动性。解决互动性弱、信息反馈不及时等问题，及时解决用户问题，增强用户积极性和黏性，促进科技推广信息运用到企业生产。

3. 建设思路

"某市科创通"微信服务平台的设计主要基于某市科技局的科技创新政务管理工作。平台从线索、场景、功能、内容、简洁、黏性等角度考虑，重在围绕某市产业经济建设主要任务，引导社会资源集聚，提升公众服务。

平台充分利用某科研院及国内外相关科研院所现有信息资源，通过 URL 链接、HTML5 改造、数据接口等方式接入。充分体现微信公众号实时性、互动性、便捷性的优势，只为提供用户关注度高、使用频度高、适合在微信端操作的内容和服务，给用户一个良好的使用体验。利用微信前端二次开发接口，扩展微信平台功能；采用开放性系统构架，支持与内容管理系统、互动交流系统的对接和信息呈送，满足服务统一化、渠道多样化的集约化建设要求。提供多套展现模板，提供所见即所得的即时编辑和预览等功能，提供可视化的操作管理平台。

6.2.3　功能模块

"某市科创通"以微信公众号为载体，聚合优势科技资源，为企业和科技服务中介机构提供场景化服务。该平台可帮助科技服务机构实现传统科技服务平台向移动端的快速转型，优化服务方式，依托丰富的场景应用为用户提供精准服务，助力成果转化、创新创业；聚合科技资源内容与服务，提供大数据运营管理。该平台提供高价值内容资源、科技服务的能力、精准定向的推广渠道，针对科技型企业、科技服务机构提供符合行业特点的场景和服务，聚合某市乃至某省省内高质量、专业的科技服务。进行场景化应用模块的扩展和统一管理，以用户体验和用户价值为核心，将传统服务项目按场景化理念重新构建服务价值体系。

平台包括前台用户模块、后台信息管理模块，系统功能结构如图 6-3 所示。

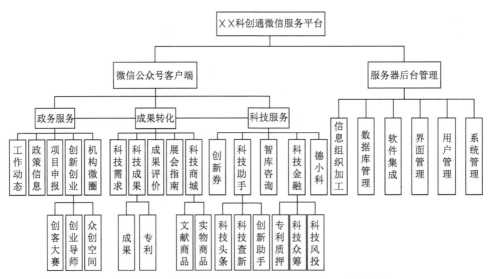

图 6-3　"某市科创通"微信公众服务平台的功能结构图

1. 政务服务

该模块主要功能是及时向社会发布某市科技局有关创新创业工作动态、政策信息、项目申报与创新创业指南等。主要内容有如下方面。

（1）工作动态：反映某市科技局近期工作情况，及时向社会展示某市创新创业与成果转化的重大进展和主要成就。

（2）政策信息：发布国家、省区市的相关政策文件信息，及时向社会传达政府的政策方针。

（3）项目申报：针对当地产学研创新主体的科研需求，搜集整理发布相关项目申报渠道、要求与指南，提供项目申报导航服务。

（4）创新创业：主要反映某市"大众创业万众创新"发展情况，如众创空间、创业导师、创客项目、创业成果等，推动本地创新创业团队交流合作。

（5）机构微圈：集聚某市当地企事业单位、科研院所以及金融、专利、法务等中介机构的地理信息、服务信息，建立机构微圈，营造良好的创新生态。

2. 成果转化

该模块主要功能是及时为社会公众发布科技需求信息，提供成果评价服务，以及线上展会与路演等。主要内容有以下方面。

（1）科技需求：采集某市本地企业在设计、研发、加工、制造、量产等多方面的科技需求情况，特别是企业在发展过程中需要第三方参与共同解决的问题，根据需求特点及其与专利、成果的对接要求，对需求信息进行深度标引分类等二次加工。

（2）科技成果：基于某科研院情报中心建设的"某科研院专利数据库"、北京万方软件有限公司的"全国科技成果数据库"，针对某市本地企业的科技需求情况，遴选推介相关专利和成果信息。

（3）成果评价：遴选权威、优质、社会公信度高的科技成果评价机构，在平台予以推荐，以期为科技成果和专利技术的转移转化提供相对客观、准确的第三方（非技术供需双方或交易双方）专业意见，帮助技术供需双方高效对接。

（4）展会指南：提供各地科技类在线展会指南信息，为创新主体提供参会、咨询的渠道，引导创新主体聚焦行业发展信息。

（5）科技商城：展示实物类科技产品、知识产权无形资产和科技服务等。实物类科技产品主要提供某市本地科技型企业的科技产品。

3. 科技服务

该模块主要功能是推广某市科技局的创新券、专利质押等创新创业服务，提供在线科技助手、智库咨询窗口，推动科技与金融相结合。主要内容有以下方面。

（1）创新券：对某市科技局的"创新券"政策及相关规定、用途、申请流程的介绍与说明。

（2）科技助手：面向某市科技与产业经济发展，跟踪国内主流科技媒体，捕捉科技、产业、经济、人才等最新资讯，结合某市主要产业分类进行抽取细分，形成"科技头条"实时发布；建立"科技查新"服务接口；提供"创新助手"，集成异构数据源的上亿条数据，经后台数据聚类、挖掘，快速形成可视化的专题分析报告，揭示行业趋势与布局、核心机构与人物、重点专利论文等内容，为研发、决策人员提供参考。

（3）智库咨询：面向区域发展战略规划政策研究、决策部门等，提供宏、中、微层面的决策咨询建议；面向区域产业集群、战略性新兴产业和主导产业、重点企业与高新技术企业等，提供产业技术竞争情报和产业经济分析服务。

（4）科技金融：主要包括专利质押、科技众筹、科技风投等，介绍某市本地科技金融相关机构与业务，以及国内优秀的科技众筹平台和风投机构相关信息。

（5）德小科：集成某市科技局职能、项目、技术供需等多源异构信息，基于人工智能标记语言构建语义库，提供面向机器人的智能问答交互系统。

6.2.4　数据资源

1. 某科研院专利数据库

整理某科研院院属研究单位的专利数据（截至 2022 年 6 月共有约 20 万条专利数据），满足区域内不同层面专利信息检索需求，促进技术创新和知识产权转移转化。

2. 科技成果数据库

梳理高校、科研机构、企事业单位的科技成果信息（截至 2022 年 6 月，共有 70 345 条成果数据），结合行业学科进行数据清理与分类提供，为某市产业创新发展、技术改造、新产品开发以及革新工艺提供重要依据。

3. 专家数据库

提供高校与科研机构主要学术带头人、企业学术领军人物信息，为企业的技术咨询、产业发展提供外部智力咨询，促进某市企业创新发展。

4. 政策法规数据库

整合科技、知识产权、技术创新、财政税收、国家及地方政府项目支撑等政策法规资源，进行数据深加工，提供全文检索、专题检索，为创新主体快速、准确地查询相关法律政策提供窗口。

6.2.5　技术开发

1. 开发环境

本系统采用 Java 语言进行开发，系统采用 B/S 架构，使用了 Servlet、JSP 等技术，其开发环境为：Eclipse+MySQL+Tomcat8+Jdk1.8。

2. 技术路线

Java 开发微信公众号基于微信开发平台提供的相关接口，Web 服务器端调用相关接口，来设置微信公众号上的菜单按钮所要响应的 URL 请求。Web 服务器端使用 Servlet 完成请求处理，前端页面设计采用 JSP 与 HTML 静态页面结合 JavaScript 和 jQuery 框架来实现，前端页面与 Servlet 间的数据传输采用 ajax 技术来实现异步传输。

根据系统分析，系统工作流程大致为：用户进入微信公众号，点击菜单栏上的按钮，这时微信公众号会把用户信息和请求信息封装为 JSON 发送给微信服务器。微信服务器再将信息通过 request 请求传递给系统 Web 服务器，系统 Web 服务器核实用户的信息，同时对用户的请求信息进行处理，调用系统内部模块从数据库中获取数据，并对数据进行封装，以 JSON 对象的形式发送给微信服务器。微信服务器再返回给用户完成响应（response）。其大体的工作流程如图 6-4 所示，系统逻辑如图 6-5 所示。

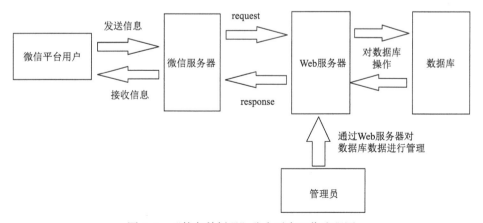

图 6-4　"某市科创通"公众平台工作流程图

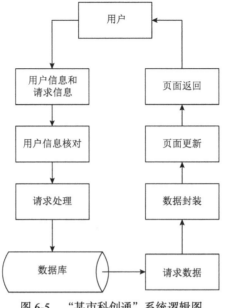

图 6-5　"某市科创通"系统逻辑图

6.2.6　运行机制

"某市科创通"微信服务平台，采用了当下最流行的 O2O（online to offline，线上线下商务）模式，即"线上平台+线下空间"，线上发布政策法规、项目申报、创新创业、科技需求、展会指南、科技商城、创新券、科技金融等信息，线下建设"众创空间"、举办"创客大赛"、搜集企业需求、引导专利质押等。

平台聚合了"政""产""研""服"力量，为某市科技型企业（创业团队）和国内外科研机构、中介服务机构（服务产品）搭建无缝对接互动平台，提供高效的科技服务，帮助加速某市科技成果转化和创新创业发展。中国科学院成都文献情报中心及北京万方软件有限公司、四川明诚智慧科技有限公司承担"某市科创通"微信服务平台主体建设，科技成果数据库及科技助手涵盖了国内外科研院所、高校的科研成果及某科研院专利信息。某市企业、创新创业团体及个人在某市科创通微信平台及时、准确获取信息，从而积极参与某市创新创业、科技成果转化。某科研院情报中心依托"某市科创通"微信服务平台向某市企业、创新创业团体及个人提供科技查新、成果评价、智库咨询、成果转化等服务。"某市科创通"通过机构微圈、科技金融等模块集成省内金融、专利、法务、咨询等中介机构，促进 O2O 模式的联络交流与服务对接。"某市科创通"运行机制还包括号内搜索机制、订阅推送机制、分享机制与反馈机制等。运行机制如图 6-6 所示。

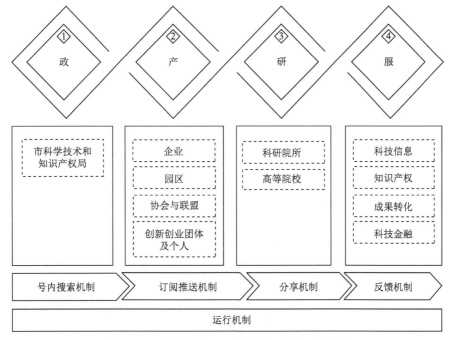

图 6-6 "某市科创通"微信服务平台运行机制

（1）号内搜索机制。号内搜索功能可分为两类，一类是在公众号内可以外接数据库资源，如创新助手和科技成果；另一类是对公众号历史消息的搜索，通过关键词搜索公众号以往录入或发布的相关的消息，如工作动态、政策信息等模块。号内搜索丰富了微信公众号功能，拓宽了用户信息获取渠道，简化了信息获取流程，提高了信息获取效率，也有利于增强用户黏性。尤其是"创新助手"，使用户可以更加精准、便捷地获取大量信息，实现了信息的精准传播。

（2）订阅推送机制。可实现一对多、点到面的传播，覆盖范围广，提高了政务信息传播的时效性，用户体验也具有极强的自主性和主观性。

（3）分享机制。充分利用微信公众号基于人际关系的分享传播机制，便于实现信息的二次传播，扩大信息的传播范围，吸引更多用户群体。

（4）反馈机制。用户与"某市科创通"运营者之间双向互动，便于反馈，有利于促进"政""研""产""服"之间的良性沟通，增强用户黏性。

第7章 促进科技成果转化的对策建议

当今世界，新一轮科技革命和产业变革突飞猛进，地缘政治与全球竞争加强对抗，科技创新成为大国博弈的主要战场，围绕科技制高点的竞争空前激烈，实现科技自立自强和产业链供应链自主可控事关国家前途命运。科技成果转化，正是推动科技与产业双向贯通、促进创新链和产业链加快融合的重要路径。在大众创业万众创新的背景下，在加快构建以国内大循环为主体、国内国际双循环相互促进的新发展格局的进程中，迫切需要推动科技成果转化实现更大规模、更高效率、更高质量的发展。基于前六章研究基础，本章主要从与科技成果转化密切相关的政产研服四大主体及其协同创新、影响科技成果转化的核心问题——信息不对称的解决途径，以及在双循环新发展格局构建中因势利导等角度提出在众创背景下促进科技成果转化的对策建议。

7.1 加强政产研服四大主体相关功能及四螺旋协同创新合力

要加快构建政产研服四大主体协同参与的多元体系，形成螺旋式协同创新的合力。政府需要充分发挥在规划引导方面的作用，保障政策落实，优化营商环境等；企业应主动加强创新意识，明辨技术需求，提升技术承接能力，完善企业创新服务体系；高校和科研机构必须坚持"四个面向"，提高研发能力，完善考核评价机制和科研奖励机制；科技服务机构应加强情报咨询，推进成果评价，活跃资金流转等。

7.1.1 政府加强规划引导，保障政策落实，优化营商环境

（1）加强政策规划，落实政策执行。政府应加强科技成果转化相关政策规划，全面、系统、动态地完善相应政策措施，并加强政策的衔接。地方政府的政策制定要符合国家整体的战略发展规划，强化政策体系设计的统领性和贯通性，保证政策制定的层次性，循序渐进地扩大政策实施范围。在做好政策规划的基础上，细化实施细则，落实政策的贯彻执行，从细节上体现战略规划的精神和导向，如落实科技成果转化的职务成果权属改革、单列管理、税收优惠等政策、科技成果转化的

相关收益不计入工资总额等，以减轻企业负担、激发微观主体创新活力；同时监测政策落实情况，对政策落实好的地区或单位及时总结经验并进行推广，通过第三方机构对政策效果进行评估，找出政策设计以及落实过程中存在的问题，有针对性地进行优化和完善，增强政策的导向性、可行性、亲民性。此外还应重视政策的宣传工作，加强宣传力度，促进政策推广并使之深入人心，以巩固政策执行的社会基础。

（2）优化营商环境。营商环境涉及科技成果转化的市场终端，也是科技成果能够得以顺利转化的土壤。我国与发达国家的营商环境有所差异，我国东中西部地区的营商环境也有一定差距，如高新技术企业、专精特新企业等技术型企业对于营商环境软实力的重视有时更甚于对企业落地硬条件的重视。因此，要在更广范围更大规模上加快科技成果转化就需要准确找出营商环境的现存不足与问题症结所在，不断地、持续地优化相关政策，提升政务服务效率与质量，并开展常态化专项督查行动，以营造高效、顺畅、舒心的营商环境。

（3）加强知识产权保护。参考 2.3.3 节所述的科斯的经济学观点，能够实现权利的转让、许可、作价入股的科技成果往往具有知识产权，知识产权是科技成果能够实现转化的重要载体并明确了权利边界。加强知识产权保护，形成不同类型知识产权保护的工作格局是科技成果转化的重要基础，而这项长期且较为艰巨的任务需要由政府来主导实施。知识产权的创造、运用、保护、管理、服务的五大方面工作内涵中，保护是重要环节，没有切实有效的保护，包括转化运用在内的其他方面就会沦于空谈。

（4）完善容错机制。科技成果转化过程存在较大的不确定性，应科学合理地制定免责和容错机制，从而保障和进一步激发科研人员的积极性、主动性和创新性。建立完善的风险评估机制，设立风控部门，加强对科技成果转化负面效应的预防，提前制定风险应对措施，减少法律风险和利益损失；完善容错机制相关的法治环境和制度环境，营造促进创新发展的政策氛围，保护科研人员的合法权益，让真正想干实事、做实事的科研人员放手去做，推动科技成果价值实现最大化。

7.1.2 企业加强创新意识，明辨技术需求，提升技术承接能力，完善企业创新服务体系

（1）加强创新意识。创新意识的淡薄导致部分企业无法从根本上摆脱技术对生产的限制，多以粗放型经营为主，经济效益不佳，因此要加强企业的创新意识，在企业自身缺乏产品研发实力时要更多关注适合自身发展方向的科技成果，提高科技创新敏感度，促使企业成为科技成果转化的主体，加强与高校、科研机构等的合作，联合推进科技成果转化，充分利用别人已有的科技成果来提高自己的产业技术创新能力和市场竞争力。

（2）明辨技术需求。确保企业技术需求的真实性和有效性，是促进科技成果转化的重要环节。当前，缺乏专业人才的梳理、需求保密性不足和服务机构不成熟等因素导致企业技术需求的真实性有待提高。企业要避免追求科技成果转化的数量而不注重其质量，应努力加强其真实技术需求的挖掘和提炼，使科技成果转化工作更具针对性。企业要有效提升其技术需求的识别能力，寻找符合要求的科技成果，主动加强与高校和科研机构等的沟通，合作助力科技成果转化，为高校、科研机构等提供试产、测验等相关设备及场所，校企合作共同培育科技成果转化环境；要注重成果的市场价值，以市场需求为导向明确创新成果的质量和转化价值，应合理控制投入资源的力度和方向，避免资源的浪费，有效降低交易成本，从而提升技术交易的效率，并建立良好的监督、约束和资源共享机制。

（3）提升技术承接能力。企业作为科技成果转化的接收方，其科技成果的承接能力直接影响到科技成果转化的程度和效果，因此企业要有效提升其承接技术成果的应用转化能力，提升对科技成果的技术承接能力。首先，提升技术承接能力，需提高自身需求与技术的匹配能力。其次，要提高企业搜寻技术成果的能力，企业明确了自身的技术需求，但如何在海量的科技成果中找到与需求相匹配的技术成果是关键，因此需增加技术需求匹配途径，识别和监测与需求相关的新技术成果，并在技术市场上找到最适合自身转化的科技成果。最后，提升技术承接能力，还要主动与高校和科研机构等展开联系和沟通，提供及时的反馈和意见，通过与技术提供方有效及时的沟通和交流能够促进技术成果的消化与接收，实现科技成果的有效转化。

（4）完善企业创新服务体系。良好的创新制度体系是企业有效实现科技成果转化的保障。企业要制定行之有效的创新制度和科技成果转化制度，鼓励科技创新研究，提升技术创新的科技含量和层次，提升自主创新能力；构建科学的组织机构，健全科技创新管理体系，引入战略驱动、价值驱动等理念，根据企业其自身的技术需求和承接能力，加强研发和业务部门以及客户间的交流合作，明确各部门职责，合理分工协作，高效完成转化工作；中小企业要释放创新活力，提高其创新发展能力和对科技成果转化的支持力度，加强科技孵化研究。

7.1.3　高校和科研机构坚持"四个面向"，提高研发能力，完善考核机制

（1）坚持"四个面向"。"四个面向"对科技创新工作有重要的指导意义，高校和科研机构必须坚持"四个面向"：面向世界科技前沿，提高高校与科研机构的原始创新能力，加强科学研究工作，构建创新人才梯队，营造创新文化氛围；面向经济主战场，提高高校与科研机构的科技成果转化能力，注重高质量科技成果转化，推进高校、科研机构与企业的融合创新，布局科技创新基地；面向国家

重大需求，要提高高校和科研机构的协同攻关能力，在关键领域和重要产业方面给予一定倾斜，尤其是制造业、现代产业、未来产业、支柱产业等，聚焦解决关键核心技术的"卡脖子"难题，加快重大科技问题的攻关，积极推动跨学科、跨领域交叉融合；面向人民生命健康，提升高校和科研机构服务社会的能力，围绕人民生命健康的关键领域展开科学研究，扩大培养相关领域的科技创新人才。高校和科研机构须坚持"四个面向"，提升科技创新能力，加强关键领域的技术攻关，服务国家创新驱动发展战略。

（2）提高研发能力。科技成果的先进性和成熟度关系到技术的市场发展前景，对于科技成果转化效果有重要影响。在进行科技研发前，高校、科研机构需加强科技成果的培育工作，积极培育高价值专利，提高科技成果的质与量，积极促进科技成果的产出，结合市场需求，创造更多可供转化的科技成果。科技成果转化要面向市场，高校、科研机构应以企业和社会需求为导向，鼓励科技成果应用于实际，主动面向企业，精准对接行业需求；明确研发方向，整合社会资源和企业资源，加强与企业的合作，拓展校企协同创新广度和深度，建立互补互用的协同创新机制；完善技术创新的市场导向机制，发挥市场配置资源的决定作用，促进新产品、新技术、新发明、新理念等不断涌现，营造开放性科技创新氛围。

（3）完善绩效考核评价机制。科学完善的绩效考核评价机制是促进科技成果转化的根本保障，建立完善的绩效考核评价机制，改革科技评价体系，有利于激发科研人员的工作主动性，从而提高科技成果转化率。高校、科研机构要建立重视科技成果转化的绩效评价体系，完善科研人员评价机制，转变以经费、论文、专利等为唯一导向的科研评价标准，真正落实"破四唯"的具体要求，将科技成果转化质量与转化效率列入职称晋升和绩效考核评价指标，引导科研人员的关注点从数量向科技转化能力和经济效益转变，在职称晋升和收入分配方面做好统筹和平衡。突出创新质量和社会经济贡献，突出代表性和长周期社会影响的成果评价，体现科技成果转化工作的成绩，激励科研人员积极参与科技成果转化工作，构建科学宽松的科研管理环境。

（4）完善科研激励机制。高校和科研机构应该积极完善科研成果转化的激励机制，切实发挥激励效果，激发科研人员的创新热情，引导科研人员持之以恒地从事科研相关工作。在薪酬激励方面，推进科技创新中的"放管服"，允许实行差异化薪酬体系，探索竞争性收入保障机制，提高青年骨干人才和科研人员的收入水平，切实发挥政策对科研人员的激励效果，激发和调动其工作积极性，科研单位发挥在激励举措方面更大的自主权，吸引更多高水平科研人才；在权益分配方面，推进职务科技成果权属改革，建立明确、有效的权益分配机制，充分重视各方利益，通过年薪制、协议工资、项目工资等多种方式深入实施多元化收入分配政策，明确或上调科技成果转化收益中科研人员的分配比例。

7.1.4 科技服务机构加强情报咨询，推进成果评价，活跃资金流转

（1）完善科技服务机构。优化科技服务路径和结构，将科技服务充分融入科技成果转化过程，可以有效提高转化效率和质量，对于科技成果的转化起到催化作用。科技服务贯穿于科技成果转化的全过程，形成链网体系，可以促进科技成果的增值，提升科技成果转化质量。科技服务机构提供科技服务，在市场、政府、高校和科研机构之间起到重要的纽带作用。完善科技服务机构，要对科技服务的多项专业服务进行链式整合，包括技术搜寻、技术交易、成果转化、情报咨询、金融支持等，为各转化阶段的不同主体提供基础化服务和特定服务，强化科技服务成果服务供给，保证科技服务业务与科技成果的创新增值互相匹配。科技服务机构以科技成果的市场化为目标，强化人才、技术、资本等资源的深度融合，实现多领域信息资源互通互融，营造功能完善、开放协同的创新环境。

（2）推进成果评价。加强对科技成果评价工作的重视，完善成果评价体系，以科技服务机构为基础建立第三方的市场化评价机构，能够更好地反映市场情况，探索建立社会咨询评估的市场化评价机制，促进技术要素的有序合理流动。科技服务机构组织开展定期和分阶段的成果评价，建立科学规范、客观公正的成果评价体系，保证评价工作的公正、透明性，建设和维护科技成果评价专家库，发挥同行专家评议的作用，指导和督促高校与科研机构的创新发展，高校和科研机构可以根据评价情况及时调整研发方向，提高科技成果转化的效率；细化科技成果的评价流程，加强工作人员的培训力度，强化科技服务机构的科技评价能力，提高评价效率。

（3）加强转化资金保障。资金保障是影响科技成果转化的重要因素，是开展科技成果转化的必要条件。科技服务机构需建立科技成果转化专项引导基金，引导企业参与高校和科研机构的技术研发，开发新技术、新产品等，使高校、科研机构和企业形成合力，提升优质创新成果的转化效能；建立科技成果转化的融投资服务体系，加大政府科研经费投入和支持力度，加大科技成果转化经费投入，促进原始性创新、颠覆性创新，合理分配不同阶段的经费配比，从研究、开发到产业化，逐步增加经费投入，吸引企业投入科技成果转化过程中，成为投资的主体，拓宽金融投资渠道，同时吸引各类社会、金融及个人资本参与进来，发展多元化投资支撑体系，帮助高投入高风险高产出的科技成果转化项目尽快落地，保障资金链的完整；建设科技成果转化风险共担及补偿机制，保证科技成果的融资，对成果转化有贡献的中小企业给予一定资金支持。

（4）培养技术经理人队伍。我国"十四五"规划明确提出"建设专业化市场

化技术转移机构和技术经理人队伍"。作为科技成果转化的"中间人",技术经理人是科技成果转化过程中的重要人才支撑,建设专业的技术经理人队伍,对于促进科技成果转化产业化建设、提升国家创新体系有重要作用。技术经理人需要具备良好的技术背景、充分了解市场、寻找适宜的合作对象,还需要熟悉相关的法律法规和政策等,是具备多方面知识和技能的专业复合人才。要重视技术经理人队伍的建设和培养,探索人才队伍建设的路径,充分发挥企业、高校和科研机构等主体的作用,加强技术转移人才培养,吸引海外专业技术转移团队,鼓励技术经理人参与到科技成果转化的全过程,激励其专业化、精细化、高品质发展,并在职称评定、业绩考核等方面给予必要的倾斜。

7.1.5　催化激发四螺旋协同创新合力,推动创新链产业链加速融合

（1）促进四螺旋协同效应。四螺旋是基于政、产、研、服四大主体的协同反馈创新机制,在四大主体协作下实现螺旋式循环发展,要保证四大主体各自平稳发展,才能使四螺旋系统协调发展。在这过程中,政府发挥其激励和调节支持作用,提高政策宏观调控能力;产业发挥市场的供求效应和竞争力,加强对政策、资金和成果的支持力度;高校和科研机构提高其创新创业能力,通过创新有效推动科技成果转化;科技服务机构发挥其协同驱动力,促进政、产、研主体的良性发展。各主体之间既保证自身职能的实现,又要与其他主体形成良好的互动效应,四大主体间密切联系,实现科技成果转化的交互协作,促进资源的流动共享,从而产生多边效益,促使螺旋整体上升。

（2）推动创新链、产业链协同发展。加大创新链和产业链的融合发展,并推动以创新链和产业链为主体的多链条协同发展。以产业链为基础,激活基于服务主体的服务链和资金链、基于政府主体的政策链、基于高校和科研机构的人才链等各个环节,加强资源和要素在多链条间的流动与整合,促进创新链和产业链的互相融合,促进科技成果转化过程中多链条的协同发展。在此过程中,服务链促进了创新链和产业链的融合,资金链为创新链和产业链的融合提供了保障,政策链引导了创新链和产业链的融合,人才链为创新链和产业链的融合起了支撑作用。同时要完善创新链和产业链发展的相关制度建设,探索创新链和产业链融合发展的不同模式,加强各种不同类型产业链之间的交流和合作,推动创新链和产业链的协同发展。

（3）加强科技平台建设。强化科技平台的信息管理,集中建立数据库,打造政府和行业的信息交换、共享和公开机制,加强成果评价、信息发布、融资并购、竞价拍卖、咨询等专业服务,组织相关领域专家开展专题培训,提高科技信息平台的专业化水平,推进信息平台发展完善,打造全方位服务平台。加强线上线下的深度融合,以移动互联网、云平台等新兴技术整合创新资源,联合高校、科研

机构、企业、金融机构等技术创新主体，搭建科技成果转化综合信息系统管理平台，提供知识产权、技术评价、中试孵化、技术交易等一站式科技成果转化服务，实现从研发设计到市场转化的全链条服务，解决技术市场信息不对称及信息发布问题，通过多主体的协同合作，促进科技成果转化的良性循环。

（4）加强中试基地建设。高校和科研机构产生的初始科技成果成熟度不足，需经过孵化、中试、二次开发才能进入市场，因此需要依托孵化器、科技园等创新载体，建立科技成果孵化机制，实现科技成果的快速转化。加强对科技成果转化中试环节的政策扶持，包括资金支持和技术设施建设，加大对中试环节的引导性投入力度，鼓励政府、企业、高校、科研机构和社会资本联合建立中试基地，完善科技孵化器、创业园区、众创空间等建设，设立专项基金以加速科技成果转化产业化，政府主导建立完善的金融支撑体系，引入多渠道中试资金，为科技成果转化提供重要的支撑保障。深化产学研合作，鼓励企业和高校、科研机构共同成立大学科技园、产业园、联合研发中心等，发挥各自的优势实现合作共赢，依托高校和科研机构的科技、教育和人才优势，建立科技成果转化示范中心，整合园区优质资源，促进科技成果转化。

7.2　解决科技成果转化中信息不对称问题畅通供需双方对接

习近平在主持召开中央全面深化改革委员会第十九次会议时强调，"加快实现科技自立自强，要用好科技成果评价这个指挥棒"①。目前我国科技成果转化效率总体有待提升，其关键症结为参与科技成果转化供给、需求方之间信息不对称。加强科技成果评价等方面工作有利于解决信息不对称问题，促进科技成果转化。围绕科技成果转化中的信息不对称问题，需要建立良好的科技成果第三方评价机制，提供公平公正的第三方视角；需要深度挖掘企业需求，重视隐性需求挖掘，帮助企业整体布局；需要基于自动化的供需信息匹配技术与工具，提高供需双方对接效率；需要探索先试用后付费的商业模式，提供不同于有形资产有形商品的交易方式；需要交易双方探索应用对赌协议或对赌条款来降低不确定性，让交易更顺畅；需要完善中长期交易信用评价体系，增强供需双方互信与长期合作意愿。

7.2.1　优化科技成果第三方评价机制

建立成熟的科技成果第三方评价机制是解决供需双方信息不对称的重要一环。第三方评价机构需要发展并借助综合性、多元化的科技成果评价指标体系，

---

① 习近平主持召开中央全面深化改革委员会第十九次会议[EB/OL]. http://www.xinhuanet.com/politics/leaders/2021-05/21/c_1127476498.htm[2021-05-21].

为参与科技成果转化各方提供统一评价标准，分类别、分层次评价应用研究、技术开发与产业化研究成果，明确潜在经济价值。第三方评价机构提供独立于科技成果供给方与需求方的视角，发挥"桥梁"作用，但又存在自身利益诉求，需要制定相应管理规范，清晰界定第三方机构责任、权利、运营模式，逐步形成行业自律，确保评价结果的客观性、公正性，促进科技成果供需双方主动、积极参与成果评价，营造多方共同参与的良好的科技成果评价生态。创新升级科技成果评价工具，提高评价效率与评价质量。

我国尚未建立成熟的科技成果评价分类评价指标体系，第三方评价机构缺乏参考标准，因此建立应用研究、技术开发与产业化研究成果的分类评价指标体系是后续工作基础。对于应用研究，侧重评价其技术价值，引入技术就绪度评价指标，对技术所处转化状态、成熟程度、潜在经济价值准确定位；推进"概念验证"工作，在高校与科研机构加强"概念验证中心"建设，对研究成果的技术、商业可行性进行转化前论证与评价，提供资金支持，加大成果的原型、样机、模型等开发，完善知识产权管理制度，培育科技成果评价专业人员和专业技术经理人队伍，打通科技成果转化的"最初一公里"；对于转化与产业化研究，侧重评价经济、社会、文化价值，综合融入实际收益、就业促进、环境改善等指标。对于特色领域、战略领域、重点领域的科技成果实行优先评价，建立专题数据库、特色数据库，并建立差别化特色评价指标体系，形成地方标准。完善知识产权评价制度，将企业专利布局纳入评价范围。

完善第三方评价机构管理机制，需要营建良好的科技成果评价生态。对于第三方机构的自身利益诉求，科技行政部门应主要发挥监管职能，以保障评价结果公平、客观。科技行政部门对第三方机构的基础条件、评价过程、管理规范程度、服务绩效、社会效益、社会信誉等进行综合评估，制定相应管理办法，明确评价的收费标准、收益分配、责任归属，将机构管理标准化，积极引导第三方机构参与科技成果评价工作，尤其是与高校、研究开发机构对接合作。规范科技成果评价流程，在科技成果登记备案环节加强审核，注重对科技成果评价材料审核，制定登记备案标准。

开发、创新第三方评价工具、评价方法，灵活利用互联网工具。可以推动专家维基系统的建设，该系统提供开放的、综合专家评价与社会评价的专家库与科技成果评价在线平台，通过多轮评价取得客观一致的评价结果。专家维基系统为第三方评价工具的更新提供了借鉴参考，其在提高科技成果评价速度、质量、效率，保证自身效益基础上，扩大评价的公平性、客观性，同时规范成果评价流程，完善机构职能配置，如完善系统开发、维护、运营相关职能，在实践中完善分类评价指标体系等。政府可进行适当引导，鼓励各方主动参与专家维基系统开发或应用，在完善科技成果第三方评价机制的同时，为提升科技成果转化整体效率提供动力。

7.2.2 加强企业技术需求的辅助辨识

技术需求辅助辨识是从技术需求的角度解决问题。建立以需求为导向的科技成果转化机制，是促进供给侧结构性改革的重要着力点，有利于打通科技创新与经济发展之间的通道。通过技术需求辅助辨识，进一步挖掘企业真实需求。

加强企业技术需求的辅助辨识需从宏观和微观方面分别着手。宏观层面，立足产业情报分析和专利情报分析开展战略化布局研究，通过产业情报分析和专利情报分析明确企业在近期或中长期的布局或增强布局的技术领域，结合行业发展前景，切实把握企业产品布局、产能规模等；企业制定发展战略，征集凝练企业愿意出资解决的技术需求，联合产业链上下游企业和高校与科研机构开展产业技术应用研发战略研究，制定技术路线图，建立对接解决机制；对企业相关人员进行技术培训及指导，训练企业相关人员将企业技术难题凝练成精准的科技语言，并根据技术难题中企业投入的研发费用多少，评判企业技术难题的真实性。技术需求凝练完毕后，建立商业机密和知识产权保护机制与措施；同时，通过企业创新诊断与技术需求评估挖掘企业技术需求。企业创新诊断主要通过调查研究和分析企业科技创新体系，全面了解企业的科技创新现状，找出存在问题及产生问题的原因，进而提出解决问题的建议；技术需求评估主要从技术需求的完整性、可靠性、先进性和技术需求实现的经济合理性、生产可行性方面，深入了解企业的技术创新全貌，引导企业了解清楚自身的需求，通过行业分析、数据采集、技术研讨、需求评估和需求识别等多角度，诊断企业真实需求；从行业调查、分析竞争对手、实地调研、挖掘需求、分析拆解需求、需求的标准表达、需求可行性等着手，进行全面的摸底调研与诊断，把握企业创新现状，并通过提前布局与整体规划，推动企业完善创新体系，从根本上挖掘企业技术需求。

微观技术层面，寻找合适的对接团队，组织专家与企业的技术主管和技术人员座谈讨论或者通过其他方式联系沟通，分行业分领域实时征集企业需求，攻关技术难题，凝练技术需求清单，推动科技人员与企业精准对接。首先，引入需求诊断和价值评估机制，邀请与合作不相关的专家介入，事先与专家约定保密条款，由专家帮助企业将需求目标进一步明确。其次，通过对需求的标准化表达，对自身的真实需求及所处行业的科技发展状况进行全面了解。最后，通过研究所与高校以企业真实技术需求作为课题来联合培养研究生，在保持自身科研独立性的同时，尽可能地贴近企业以了解企业的技术需求。另外，还可通过行业化服务属性，依托龙头企业，整合行业上下游企业，牵头举办产业技术对接会等活动，进一步集聚行业资源，明确企业技术需求；同时培养信任度，对供需主体隐私和商业秘密实施保护。

7.2.3　开展规模化供需信息关联分析

技术供需信息自动关联分析是通过系统精准分析供给端技术能力和需求端企业技术需求。

在供给端，技术分工的细化与产业链的延伸使得技术关联度不断提高，技术能力通常以专利体现，专利技术的有效集成可以促进技术转移优化，是分析技术信息的有效途径。将具有相关性的专利整合成一个由适宜专利组成的、优势互补匹配的有机体，在此基础上，分析专利技术的相似性和互补性两方面，以专利集成中专利技术相关性分析为切入点，建立测度方法体系辅助专利集成，使相关性专利可以作为一个集合体，发挥大于单个专利加总的更高级价值。通过目标技术领域确定、选择专利数据库、专利检索、专利数据下载、专利清洗、专利文本格式处理、文本预处理、文本表征等分析专利技术的相似性。通过建立产业技术互补树，对其层次关系设定互补系数，以文本挖掘的方法判断专利技术在互补树中的位置来测算专利技术相互间的互补性程度。根据所构建的产业技术互补树上的分类对专利文本集进行文本分类及互补性结果测算。直观展示具体专利技术间的相关性，对于专利集成能够起到一定的决策辅助作用，使专利集成的分析人员能够在本技术领域或本产业领域检索到的大量专利中省时、有效、便捷地找到相似性、互补性较高的专利，同时有效服务于专利技术转移中的技术推荐，便于技术转移需求方通过相似性的推荐列表找到更适合的专利技术，或者通过互补性的推荐列表实现专利组合的转移转化。

在需求端，通过企业主体参与和数据不断累加，建立技术需求全样本信息库，将需求文本的标题、摘要、行业分类等进行分析筛选，建立语义标签，扩大数据采集渠道。基于用户画像的企业技术需求设计框架，有效汇总企业在交易网站中的行为数据及其需求文本数据，通过对数据进行挖掘和统计分类，构建企业技术需求的用户画像模型，在分析企业技术需求文本的基础上，创新性地根据企业用户在交易网站的浏览、停留时长等行为数据发掘企业用户的隐性技术需求，识别企业真实技术需求，围绕画像模型精准分析企业技术需求。

开展规模化供需信息关联分析组织体系，从供需信息匹配任务求解的一般过程入手，采用基于本体的方法，构建相应的领域本体、供给本体和需求本体，在理解匹配任务本质的基础上利用本体进行匹配任务的形式化，形成一种实现技术知识表示和知识匹配的求解框架与策略。针对专利领域的技术研发端与产业需求端的信息对接问题，建议利用专利技术知识表示和供需信息知识匹配的知识组织模式，提高供需对接质量、促进专利技术的产业化。具体从专利技术供需对接的内容与流程出发，设计专利技术供需信息匹配框架。选取需要分析的相关领域，基于语义 TRIZ 理论与结构化本体构建方法，构建领域本体、专利技术供给本体和专利技术需求本体，设计供需匹配模型，对专利技术供需信息匹配任务及其知识关联进行形式化描述，实现技术研发端与产业需求端的有效匹配。

7.2.4 探索先试用后付费的商业模式

美国明尼苏达大学于 2014 年率先推出专利"先试用后付费"模式，提供了一种可以借鉴的低成本、低风险的方法。该模式允许企业先"试用"其知识产权，为专利技术商业化提供便利，使得对专利感兴趣的企业在决定是否做出一个更永久的许可承诺之前可进行专利技术的"试运行"。企业会被授予一个低而固定的费用协议，在试用期内按照预先商定的许可条款来分析技术，这种模式可以减少包括专利费用在内的长期许可风险，被许可人可以首先确保该技术是否具有真正的商业化潜力。"先试用后付费"知识产权交易模式通过推行"技术试运行"的思路，让渴求技术引进的企业把技术先用起来，让企业先确定这是否是自身真正需要的专利技术，在企业确信引进的技术对自身产品有实质性提升时可促使企业主动要求交易。同时再进一步通过专利价值分析评估为知识产权交易双方提供交易协商参照，使得技术交易更容易实现。该模式可以有效引导高校、科研院所将各自的专利推向市场试用，并且对专利数据进行梳理组织，可以构建专利试用数据库，促进知识产权交易和成果转移转化；同时也可以有效引导企业快速试用感兴趣的专利技术，能够准确了解和把握相关专利技术是否为自己所需，提高企业获取信息能力，防止专利传统交易模式中导致企业对科技成果质量一直持有怀疑态度的情况发生，解决了企业对科技成果质疑的问题，避免了信任危机。

建议借鉴明尼苏达大学的创新合作关系模式，高校与企业建立起公开、透明、简便、直接、信任的深度合作机制和关系，加快高校技术转移中心的建设，并建设高素质的技术经理人队伍，精细化高校专利技术商业化的服务。借鉴明尼苏达大学经验，以低廉的价格给企业一段时间的许可权进行试用，尽可能地发掘早期专利技术的市场化潜力。将许可谈判条款进一步细化与公开，允许申请许可的公司在评估和鉴定一项技术之后与大学商讨关于技术的更多细节，然后提交许可申请，二者签订协议，形成使用领域、许可授权、再许可条款等关系机制，同时将使用费、许可费、最小支付额等其他条款根据每一项技术进行匹配。并加强知识产权商业化信息网络平台建设，高校技术转移部门应将技术按照学科领域进行分类，并把所有相关信息发布到网站上，对许可条款做出明确介绍，以便企业找到并阅读所需技术相关信息，促进许可协议加速形成。

7.2.5 应用对赌协议以降低不确定性

对赌协议（估值调整协议）是指投资方与融资方在达成股权性融资协议时，

为解决交易双方对未来发展的不确定性、信息不对称以及代理成本而设计的包含了股权回购、金钱补偿等对未来目标的估值进行调整的协议。对赌协议的主要要素包括对赌协议的主体、对赌的目标条件、对赌协议的补偿。若约定目标未达到对赌条件，融资方需要按照协议内容对投资方进行补偿。对赌协议同时适用合同法和公司法，既要坚持鼓励投资方对实体企业特别是科技创新企业投资原则，在一定程度上缓解企业融资难问题，又要贯彻资本维持原则和保护债权人合法权益原则，依法平衡投资方、公司债权人、公司之间的利益。

对于科技成果转化，投资方和融资方的信息不对称情形普遍存在。投资方在进行投资决策前一般从外部对融资方进行全面的调查，但融资方为了获取更多的投资往往存在夸大正面信息、隐藏负面信息的现象，导致投资方对于融资方的调查不够全面和准确，从而影响投资决策。在科技成果转化过程中，建议投资方与技术供给方签订对赌协议或对赌条款，并借鉴 Spence 的信号传递模型和 Stiglitz 的信息甄别模型，出资方（资金入股方和技术需求方）与出让方（技术供给方）在达成技术转移合同时，设置条款对未来技术的不确定性进行约定。

通过对赌协议，投资方或科技成果需求方和科技成果供给方之间可以协商确定合适的对赌目标，使资金流入科技成果转化企业，让其进行融资，激励企业发展。在发展过程中，促进企业完善其技术，使其在测试中技术不断成熟，实现其产品化、商业化、产业化，使得科技成果转化的企业和投资方实现双赢。作为投资方，可以对科技成果转化企业的技术实现产品化的效率、产品的质量、产量等进行规定，其内容可以包括转移的技术中试到技术成熟的时间要求、转移的技术需要实现产品化的时间约束条款、相关技术产品实现利润的要求和产品生产的质量与产量等期限条款的设计等，届时根据达到与否的合同约定要求，双方实施各自的权利和义务。若科技成果顺利转化，则投资方投资成功，科技成果转化科研人员创业成功；若科技成果转化未达到预设的目标，投资方可要求技术提供方回购股权或给予金钱补偿。引入对赌条款，可以有效保护技术投资方的利益，降低信息不对称带来的风险，防范投资欺诈，消除投资决策的顾虑和障碍，促进技术产品的生产落地，从而让投资方有更积极的意愿去加强技术转移和技术交易。对于科技成果供给方，只需在协议规定范围内完成对赌条件即可获得投资方资金，帮助供给方快速实现产品商业化，达到较低成本融资和快速扩张的目的[①]。但是，科研人员在签订对赌协议时，对于预期业绩，应充分考虑市场环境的真实条件，衡量投资方给出的要求与现实情况的差距，避免战略规划与实际执行层面的混淆，

[①] 钟瑜, 李丹丹, 魏旻. 科技成果转化视角下, 科研人员应如何应对对赌协议?[EB/OL]. https://www.kangdalawyers. com/library/109.html[2020-09-23].

处理好投资方可能对企业管理和运营方面造成的干扰①；同时充分考量突发的不可控因素包括疫情、气候变化等环境因素及政策调控、竞争对手等带来的影响。

7.2.6　完善中长期交易信用评价体系

随着技术交易市场规模的急剧扩大，对技术交易双方的信用评价成为交易平台的关键需求。技术交易中的信息不对称可能引发的机会主义问题，不仅影响谈判、签约，还可能导致履行延迟、不适当履行、不履行及逾期违约等一系列问题。技术交易合同主体磋商过程中，除了违约责任等纯法律性条款，双方主要对交易技术标的、技术价值、交易价款、支付方式等进行确认，就交易履行过程中的技术转移、商品化过程及节点、后期市场利润的分配方式等问题进行磋商。相对应的，技术交易主体的违约风险也主要来自交易双方对技术范围、技术价值及技术转化成本的误判，而这种误判往往产生于交易过程中信息获取的不对称及市场本身的扭曲。

基于上述情况，需重点对企业的履约能力和意愿进行评价。评价企业的履约能力，主要考察企业是否具备履行合约所需的基础设施、专业技术、财力资源和经营管理等能力；评价企业的履约意愿，主要考察企业以往的优良信用记录和不良信用记录，包括综合素质、企业竞争力、经营状况、管理能力、财务状况、行业特性因素、信用记录、供应商和客户状况等多个方面。另外，技术供给方应当更关注市场与技术转化相关的指标，技术需求方则应当更关注与技术范围和与技术价值相关的指标，双方都应当关注交易对手的技术能力、核心团队、履约能力以及可能对技术方案实现和技术价值变动产生重要影响的指标。

信用评价应当坚持定性和定量指标相结合，遵循科学性、完整性、准确性、可操作性、客观性、指标分层设置等原则，同时要求指标参数尽量可量化，部分指标赋值采用专家打分法，以指标自身性质或者信息披露程度来确认赋值高低。评价应当注重体系性，分层设定指标时应当尽可能地全面反映所评价对象的综合情况，不同层级的指标之间应当具有内在联系，相同层级的指标之间应当具有一定的区分度，尽量避免同级指标的互相干扰。一级评价指标可包括技术范围、技术价值、盈利能力、环境条件、技术转化、技术质量、市场竞争力等；二级评价指标可包括专利技术范围、技术特性、技术水平、技术适用、技术成熟度、技术需求程度、技术优势、交易主体特性、预期经济效益、预期社会效益、产业化、政策导向、环保条件等；在二级指标的基础上，可根据情况和评价主体细分出相应的三级评价指标。根据评价指标进行专家打分或赋值，并注意权重系数和信用

---

① 邱国栋, 汪玖明. 风投运作变异的本土分析与治理对策: 基于"对赌协议"的研究[J]. 中国软科学, 2020, (11): 26-41.

等级评定，专家可以来自监管机构或监管机构认可的中介机构。在评价目的明确、评价对象确定的情况下，根据评价主体建立合适的信用评价指标体系，并确立与评价指标相对应的权重系数，选择或构建综合评价模型。最后，通过计算各系统的综合评价值并进行排序或分类，定义不同信用等级的内涵，给出信用等级标识。

7.3　借势双循环新发展格局点线结合带动区域层面规模发展

为顺应国际竞争关系瞬息万变、大国博弈风险加剧、科技革命浪潮汹涌而来的时局，实现科技自立自强和产业链供应链自主可控，抓住"两个大局"下产业技术转移的新机遇，我国正加速构建以国内大循环为主体、国内国际双循环相互促进的新发展格局。结合我国区域发展特性，应稳固核心经济圈/城市群枢纽地位，错位互补，协同发展，同时借助交通网、信息网、创新网多维网络融合，贯通国际；以点成线到面，加固国内循环基础，持续供能国内国际双循环，活化"引进来，走出去"，扩展产业链、供应链、创新链全球视野。

7.3.1　嵌入国内大循环，围绕重点区域四极加强科技成果转化及其辐射带动作用

区域一体化发展是我国发展区域经济、平衡区域发展差异的重要战略。作为我国重大区域战略，京津冀、长三角地区、粤港澳大湾区、成渝地区双城经济圈的城市群内部发展逐渐呈一体化趋势，不同经济圈/城市群科技成果转化活动特点差别较大、活跃程度各异。长三角地区科技成果转化活动最为活跃，同时区域一体化程度最高；京津冀一体化程度、科技成果转化效率不及长三角地区[1]；成渝地区双城经济圈科技成果转化活跃程度整体呈上升趋势[2]；粤港澳大湾区整体科研水平领先，但粤港澳三地间不同高校、科研机构、企业的供给、需求信息缺乏协同[3]。但是相对而言，京津冀、长三角地区、粤港澳大湾区、成渝地区双城经济圈这个区域四极是我国国内大循环格局中的重要片区和关键枢纽（不仅体现在交通上），根据 5.1 节的研究，在这四大区域应该率先加强科技成果转化工作以带动周边省区市的科技成果转化并进一步加快科技成果在全国市场的流转运用，为新发展格局的构建从创新链与产业链融合的角度贡献力量。

① 段德忠, 谌颖, 杜德斌. 技术转移视角下中国三大城市群区域一体化发展研究[J]. 地理科学, 2019, 39(10): 1581-1591.

② 龚勤林, 李源, 邹冬寒. 技术关联、技术转移对区域技术演化的影响：以成渝地区双城经济圈为例[J]. 科技进步与对策, 2022, 39(7): 33-43.

③ 廖晓东, 李奎. 粤港澳大湾区技术转移体系建设研究[J]. 决策咨询, 2021, (4): 27-31.

经济圈/城市群内核心城市（直辖市、省会城市、经济强市）在价值链中的实际位置往往表现出差异，明确城市功能定位是发挥区域技术转移活力、减弱同质竞争、合理配置资源的重要前提。立足京津冀"北京研发-天津高端制造-河北物流服务"、长三角地区"江苏、浙江创新生产-上海服务"、成渝地区双城经济圈"相向发展-彰显特色-深度融合"、粤港澳大湾区"广州、深圳为创新核心-香港、澳门提供金融服务"等协作格局和分工模式，在各区域内部深化科技成果转化"联盟"建设，引导开展合作研究项目，建设科研资源共享平台、产业园、科技园、信息咨询中心、概念验证中心、技术转移中心、企业孵化器等，鼓励区域规模技术交易、投融资活动，促进人才、知识、技术等要素自由流动。

以点成线到面，充分发挥经济圈/城市群在科技成果转化及相关产业领域的龙头作用，辐射带动，融合发展。发挥京津冀全国铁路枢纽职能，侧重现代制造、现代物流的科技成果转化资源配置；发挥长三角地区全国创新策源地作用，围绕电子信息、生物医药、航空航天、高端装备、新材料等领域，建设国家级战略性新兴产业基地，推动互联网新技术与产业深度融合，加快发展现代农业；发挥粤港澳大湾区科研与金融实力较强、国际交流较频繁等特点，推动新一代信息技术、生物技术、高端装备制造、新材料等发展壮大为新支柱产业，辐射带动泛珠三角区域全方位发展，并加强国际科技合作和科技成果转化；在成渝地区双城经济圈内培育世界级装备制造产业集群，聚焦航空航天、轨道交通、能源装备等领域，布局先导产业，壮大先进材料产业，发展特色农业，协同建设西部大健康产业基地，提升其对中国内陆的支撑作用。把握主要城市群功能定位，多极协同，各区域通过优势产业来带动成果转化，做到错位和协同发展，在全国范围实现产业链合理布局，创新要素畅通流动，交通网、信息网、创新网融合发展，锻造自主创新能力，驱动国内大循环有机进行。

7.3.2　融入国内国际双循环，重点围绕"一带一路"加强科技成果转化及产业化

"一带一路"合作框架将中国与欧洲、美洲、非洲、大洋洲、东南亚、南亚、中亚、西亚等多个国家相连，RCEP（Regional Comprehensive Economic Partnership，区域全面经济伙伴关系协定）框架则深化了中国同东盟10国及日本、韩国、澳大利亚、新西兰等国的合作。构建以国内大循环为主体、国内国际双循环相互促进的新发展格局需充分利用国内四极枢纽的融通联动作用，以京津冀作为对接俄罗斯与欧洲的关键节点；充分发挥长三角地区和粤港澳大湾区的辐射带动能力，加强上海、广州、深圳等枢纽城市和门户城市建设，并借此调动其他港口城市参与，多层次对接东亚和东南亚；发挥成渝地区双城经济圈的交通枢纽作用，通过中欧

班列等对外联通欧洲。

以区域联动带动多维度网络融合发展，加强建立科技合作网络，坚持引进先进科技成果，前瞻性布局未来产业。我国已在能源、生物医药、电子信息等领域与俄罗斯、韩国、波兰等共建"一带一路"国家建立合作开发关系，在此基础上需继续拓展与区域、企业或机构等的技术合作，探索新的科技合作关系，确保先进技术"引进来"。进行未来产业前瞻性布局，重点围绕量子信息、人工智能、基因工程、清洁能源、太空科技等领域，探索在国内条件成熟区域优先布局，形成具有借鉴性的研发与市场化模式，为全国性布局提供引导。优化国际知识产权布局，保持"引进来"的同时，维护技术与产业安全。

合理配置国际资源与要素，进行产业结构调整与产业链升级，加强科技成果转化，配合不同层面的制造业转移和扩散。应对西方发达国家的出口管制与技术封锁，不断探索新的国际合作关系。加强对东南亚合作国家基础设施建设援助，以共建共赢为契机，提高受援助国经济、科技水平，进而促进高技术的转移转化；同时维持纺织业等低技术制造业向东南亚国家的转移，维持中国在产业链的中上游地位。深化与东南亚国家在能源领域尤其在电力、可再生能源方面的合作，共建开发设施、共研开发技术，不断优化国内能源结构。以"引进来，走出去"的有机结合带动产业链海外布局，维持二、三产业增速，促进国内产业结构升级；深化亚太地区合作，提升全球价值链的参与程度，扩展科技成果转化的全球视野。在推动国际科技成果转化的同时，应促进技术标准、技术人才、信息服务、金融服务等的配套输出，以降低海外技术转移的成本和不确定性。

附录　政产研服创新协同度数据检索策略

序号	测度变量	含义	检索策略
#1	A	科研机构（高校）的独立论文产出	（AF%'学院'+'大学'+'研究所'+'研究院'+'研究中心'）not（AF%'集团'+'公司'+'厂'）not（AF%'技术转移'+'检验'-'医院检验科'+'检测'+'创业孵化'+'知识产权'+'咨询'+'科技金融'+'科学技术普及'+'科技普及'+'科技服务'+'情报'+'科技评估'+'项目评价'+'技术交易'+'科技成果评价'+'技术推广'+'协同创新'+'孵化'+'科技园'+'产业园'+'科学城'+'科技城'+'协会'+'学会'-'学会计'+'投资'+'金融服务'+'金融公司'+'成果转化'+'智库'+'信息服务'+'科学传播'+'科技传播'+'平台建设'+'专利代理'+'事务所'+'资产评估'+'创新中心'+'育成中心'+'转化中心'+'产业化中心'+'创业服务中心'+'创新服务中心'+'创新创业中心'+'创新创业服务中心'+'技术服务中心'+'科技服务中心'+'咨询中心'+'信息中心'+'信息研究所'+'情报研究所'）not（FU%'基金'+'省'+'部'+'委'+'国家'+'项目'+'计划'+'课题'+'资金'+'专项'）
#2	I	产业机构的独立论文产出	（AF%'集团'+'公司'+'厂'）not（AF%'学院'+'大学'+'研究所'+'研究院'+'研究中心'）not（AF%'技术转移'+'检验'-'医院检验科'+'检测'+'创业孵化'+'知识产权'+'咨询'+'科技金融'+'科学技术普及'+'科技普及'+'科技服务'+'情报'+'科技评估'+'项目评价'+'技术交易'+'科技成果评价'+'技术推广'+'协同创新'+'孵化'+'科技园'+'产业园'+'科学城'+'科技城'+'协会'+'学会'-'学会计'+'投资'+'金融服务'+'金融公司'+'成果转化'+'智库'+'信息服务'+'科学传播'+'科技传播'+'平台建设'+'专利代理'+'事务所'+'资产评估'+'创新中心'+'育成中心'+'转化中心'+'产业化中心'+'创业服务中心'+'创新服务中心'+'创新创业中心'+'创新创业服务中心'+'技术服务中心'+'科技服务中心'+'咨询中心'+'信息中心'+'信息研究所'+'情报研究所'）not（FU%'基金'+'省'+'部'+'委'+'国家'+'项目'+'计划'+'课题'+'资金'+'专项'）
#3	S	科技服务机构的独立论文产出	（AF%'技术转移'+'检验'-'医院检验科'+'检测'+'创业孵化'+'知识产权'+'咨询'+'科技金融'+'科学技术普及'+'科技普及'+'科技服务'+'情报'+'科技评估'+'项目评价'+'技术交易'+'科技成果评价'+'技术推广'+'协同创新'+'孵化'+'科技园'+'产业园'+'科学城'+'科技城'+'协会'+'学会'-'学会计'+'投资'+'金融服务'+'金融公司'+'成果转化'+'智库'+'信息服务'+'科学传播'+'科技传播'+'平台建设'+'专利代理'+'事务所'+'资产评估'+'创新中心'+'育成中心'+'转化中心'+'产业化中心'+'创业服务中心'+'创新服务中心'+'创新创业中心'+'创新创业服务中心'+'技术服务中心'+'科技服务中心'+'咨询中心'+'信息中心'+'信息研究所'+'情报研究所'）not（AF%'学院'+'大学'+'研究所'+'研究院'+'研究中心'）not（AF%'集团'+'公司'+'厂'）not（FU%'基金'+'省'+'部'+'委'+'国家'+'项目'+'计划'+'课题'+'资金'+'专项'）
#4	G	政府资助的非产研服的论文产出	（FU%'基金'+'省'+'部'+'委'+'国家'+'项目'+'计划'+'课题'+'资金'+'专项'）not（AF%'技术转移'+'检验'-'医院检验科'+'检测'+'创业孵化'+'知识产权'+'咨询'+'科技金融'+'科学技术普及'+'科技普及'+'科技服务'+'情报'+'科技评估'+'项目评价'+'技术交易'+'科技成果评价'+'技术推广'+'协同创新'+'孵化'+'科技园'+'产业园'+'科学城'+'科技城'+'协会'+'学会'-'学会计'+'投资'+'金融服务'+'金融公司'+'成果转化'+'智库'+'信息服务'+'科学传播'+'科技传播'+'平台建设'+'专利代理'+'事务所'+'资产评估'+'创新中心'+'育成中心'+'转化中心'+'产业化中心'+'创业服务中心'+'创新服务中心'+'创新创业中心'+'创新创业服务中心'+'技术服务中心'+'科技服务中心'+'咨询中心'+'信息中心'+'信息研究所'+'情报研究所'）not（AF%'学院'+'大学'+'研究所'+'研究院'+'研究中心'）not（AF%'集团'+'公司'+'厂'）

续表

序号	测度变量	含义	检索策略
#5	IA	仅科研机构（高校）与产业机构的合作论文产出	（（AF%'学院'+'大学'+'研究所'+'研究院'+'研究中心'）and（AF%'集团'+'公司'+'厂'））not（AF%'技术转移'+'检验'-'医院检验科'+'检测'+'创业孵化'+'知识产权'+'咨询'+'科技金融'+'科学技术普及'+'科技普及'+'科技服务'+'情报'+'科技评估'+'项目评价'+'技术交易'+'科技成果评价'+'技术推广'+'协同创新'+'孵化'+'科技园'+'产业园'+'科学城'+'科技城'+'协会'+'学会'-'学会计'+'投资'+'金融服务'+'金融公司'+'成果转化'+'智库'+'信息服务'+'科学传播'+'科技传播'+'平台建设'+'专利代理'+'事务所'+'资产评估'+'创新中心'+'育成中心'+'转化中心'+'产业化中心'+'创业服务中心'+'创新服务中心'+'创新创业中心'+'创新创业服务中心'+'技术服务中心'+'科技服务中心'+'咨询中心'+'信息中心'+'信息研究所'+'情报研究所'）not（FU%'基金'+'省'+'部'+'委'+'国家'+'项目'+'计划'+'课题'+'资金'+'专项'）
#6	AS	仅科研机构（高校）与科技服务机构的合作论文产出	（（AF%'学院'+'大学'+'研究所'+'研究院'+'研究中心'）and（AF%'技术转移'+'检验'-'医院检验科'+'检测'+'创业孵化'+'知识产权'+'咨询'+'科技金融'+'科学技术普及'+'科技普及'+'科技服务'+'情报'+'科技评估'+'项目评价'+'技术交易'+'科技成果评价'+'技术推广'+'协同创新'+'孵化'+'科技园'+'产业园'+'科学城'+'科技城'+'协会'+'学会'-'学会计'+'投资'+'金融服务'+'金融公司'+'成果转化'+'智库'+'信息服务'+'科学传播'+'科技传播'+'平台建设'+'专利代理'+'事务所'+'资产评估'+'创新中心'+'育成中心'+'转化中心'+'产业化中心'+'创业服务中心'+'创新服务中心'+'创新创业中心'+'创新创业服务中心'+'技术服务中心'+'科技服务中心'+'咨询中心'+'信息中心'+'信息研究所'+'情报研究所'））not（AF%'集团'+'公司'+'厂'）not（FU%'基金'+'省'+'部'+'委'+'国家'+'项目'+'计划'+'课题'+'资金'+'专项'）
#7	IS	仅产业机构与科技服务机构的合作论文产出	（（AF%'集团'+'公司'+'厂'）and（AF%'技术转移'+'检验'-'医院检验科'+'检测'+'创业孵化'+'知识产权'+'咨询'+'科技金融'+'科学技术普及'+'科技普及'+'科技服务'+'情报'+'科技评估'+'项目评价'+'技术交易'+'科技成果评价'+'技术推广'+'协同创新'+'孵化'+'科技园'+'产业园'+'科学城'+'科技城'+'协会'+'学会'-'学会计'+'投资'+'金融服务'+'金融公司'+'成果转化'+'智库'+'信息服务'+'科学传播'+'科技传播'+'平台建设'+'专利代理'+'事务所'+'资产评估'+'创新中心'+'育成中心'+'转化中心'+'产业化中心'+'创业服务中心'+'创新服务中心'+'创新创业中心'+'创新创业服务中心'+'技术服务中心'+'科技服务中心'+'咨询中心'+'信息中心'+'信息研究所'+'情报研究所'））not（AF%'学院'+'大学'+'研究所'+'研究院'+'研究中心'）not（FU%'基金'+'省'+'部'+'委'+'国家'+'项目'+'计划'+'课题'+'资金'+'专项'）
#8	GA	仅科研机构（高校）受政府资助的论文产出	（（AF%'学院'+'大学'+'研究所'+'研究院'+'研究中心'）and（FU%'基金'+'省'+'部'+'委'+'国家'+'项目'+'计划'+'课题'+'资金'+'专项'））not（AF%'集团'+'公司'+'厂'）not（AF%'技术转移'+'检验'-'医院检验科'+'检测'+'创业孵化'+'知识产权'+'咨询'+'科技金融'+'科学技术普及'+'科技普及'+'科技服务'+'情报'+'科技评估'+'项目评价'+'技术交易'+'科技成果评价'+'技术推广'+'协同创新'+'孵化'+'科技园'+'产业园'+'科学城'+'科技城'+'协会'+'学会'-'学会计'+'投资'+'金融服务'+'金融公司'+'成果转化'+'智库'+'信息服务'+'科学传播'+'科技传播'+'平台建设'+'专利代理'+'事务所'+'资产评估'+'创新中心'+'育成中心'+'转化中心'+'产业化中心'+'创业服务中心'+'创新服务中心'+'创新创业中心'+'创新创业服务中心'+'技术服务中心'+'科技服务中心'+'咨询中心'+'信息中心'+'信息研究所'+'情报研究所'）

续表

序号	测度变量	含义	检索策略
#9	GI	仅产业机构受政府资助的论文产出	（（AF%'集团'+'公司'+'厂'）and（FU%'基金'+'省'+'部'+'委'+'国家'+'项目'+'计划'+'课题'+'资金'+'专项'））not（AF%'学院'+'大学'+'研究所'+'研究院'+'研究中心'）not（AF%'技术转移'+'检验'-'医院检验科'+'检测'+'创业孵化'+'知识产权'+'咨询'+'科技金融'+'科学技术普及'+'科技普及'+'科技服务'+'情报'+'科技评估'+'项目评价'+'技术交易'+'科技成果评价'+'技术推广'+'协同创新'+'孵化'+'科技园'+'产业园'+'科学城'+'科技城'+'协会'+'学会'-'学会计'+'投资'+'金融服务'+'金融公司'+'成果转化'+'智库'+'信息服务'+'科学传播'+'科技传播'+'平台建设'+'专利代理'+'事务所'+'资产评估'+'创新中心'+'育成中心'+'转化中心'+'产业化中心'+'创业服务中心'+'创新服务中心'+'创新创业中心'+'创新创业服务中心'+'技术服务中心'+'科技服务中心'+'咨询中心'+'信息中心'+'信息研究所'+'情报研究所'）
#10	GS	仅科技服务机构受政府资助的论文产出	（（AF%'技术转移'-'检验'-'医院检验科'+'检测'+'创业孵化'+'知识产权'+'咨询'+'科技金融'+'科学技术普及'+'科技普及'+'科技服务'+'情报'+'科技评估'+'项目评价'+'技术交易'+'科技成果评价'+'技术推广'+'协同创新'+'孵化'+'科技园'+'产业园'+'科学城'+'科技城'+'协会'+'学会'-'学会计'+'投资'+'金融服务'+'金融公司'+'成果转化'+'智库'+'信息服务'+'科学传播'+'科技传播'+'平台建设'+'专利代理'+'事务所'+'资产评估'+'创新中心'+'育成中心'+'转化中心'+'产业化中心'+'创业服务中心'+'创新服务中心'+'创新创业中心'+'创新创业服务中心'+'技术服务中心'+'科技服务中心'+'咨询中心'+'信息中心'+'信息研究所'+'情报研究所'） and（FU%'基金'+'省'+'部'+'委'+'国家'+'项目'+'计划'+'课题'+'资金'+'专项'）） not（AF%'集团'+'公司'+'厂'） not（AF%'学院'+'大学'+'研究所'+'研究院'+'研究中心'）
#11	IAS	仅科研机构（高校）、产业机构与科技服务机构的合作论文产出	（（AF%'学院'+'大学'+'研究所'+'研究院'+'研究中心'） and（AF%'集团'+'公司'+'厂'） and（AF%'技术转移'+'检验'-'医院检验科'+'检测'+'创业孵化'+'知识产权'+'咨询'+'科技金融'+'科学技术普及'+'科技普及'+'科技服务'+'情报'+'科技评估'+'项目评价'+'技术交易'+'科技成果评价'+'技术推广'+'协同创新'+'孵化'+'科技园'+'产业园'+'科学城'+'科技城'+'协会'+'学会'-'学会计'+'投资'+'金融服务'+'金融公司'+'成果转化'+'智库'+'信息服务'+'科学传播'+'科技传播'+'平台建设'+'专利代理'+'事务所'+'资产评估'+'创新中心'+'育成中心'+'转化中心'+'产业化中心'+'创业服务中心'+'创新服务中心'+'创新创业中心'+'创新创业服务中心'+'技术服务中心'+'科技服务中心'+'咨询中心'+'信息中心'+'信息研究所'+'情报研究所'）） not（FU%'基金'+'省'+'部'+'委'+'国家'+'项目'+'计划'+'课题'+'资金'+'专项'）
#12	GIA	仅科研机构（高校）与产业机构受政府资助的合作论文产出	（（AF%'学院'+'大学'+'研究所'+'研究院'+'研究中心'） and（AF%'集团'+'公司'+'厂'） and（FU%'基金'+'省'+'部'+'委'+'国家'+'项目'+'计划'+'课题'+'资金'+'专项'）） not（AF%'技术转移'+'检验'-'医院检验科'+'检测'+'创业孵化'+'知识产权'+'咨询'+'科技金融'+'科学技术普及'+'科技普及'+'科技服务'+'情报'+'科技评估'+'项目评价'+'技术交易'+'科技成果评价'+'技术推广'+'协同创新'+'孵化'+'科技园'+'产业园'+'科学城'+'科技城'+'协会'+'学会'-'学会计'+'投资'+'金融服务'+'金融公司'+'成果转化'+'智库'+'信息服务'+'科学传播'+'科技传播'+'平台建设'+'专利代理'+'事务所'+'资产评估'+'创新中心'+'育成中心'+'转化中心'+'产业化中心'+'创业服务中心'+'创新服务中心'+'创新创业中心'+'创新创业服务中心'+'技术服务中心'+'科技服务中心'+'咨询中心'+'信息中心'+'信息研究所'+'情报研究所'）

续表

序号	测度变量	含义	检索策略
#13	GAS	仅科研机构（高校）与科技服务机构受政府资助的合作论文产出	（（AF%'学院'+'大学'+'研究所'+'研究院'+'研究中心'）and （AF%'技术转移'+'检验'-'医院检验科'+'检测'+'创业孵化'+'知识产权'+'咨询'+'科技金融'+'科学技术普及'+'科技普及'+'科技服务'+'情报'+'科技评估'+'项目评价'+'技术交易'+'科技成果评价'+'技术推广'+'协同创新'+'孵化'+'科技园'+'产业园'+'科学城'+'科技城'+'协会'+'学会'-'学会计'+'投资'+'金融服务'+'金融公司'+'成果转化'+'智库'+'信息服务'+'科学传播'+'科技传播'+'平台建设'+'专利代理'+'事务所'+'资产评估'+'创新中心'+'育成中心'+'转化中心'+'产业化中心'+'创业服务中心'+'创新服务中心'+'创新创业中心'+'创新创业服务中心'+'技术服务中心'+'科技服务中心'+'咨询中心'+'信息中心'+'信息研究所'+'情报研究所'）and （FU%'基金'+'省'+'部'+'委'+'国家'+'项目'+'计划'+'课题'+'资金'+'专项'）） not （AF%'集团'+'公司'+'厂'）
#14	GIS	仅产业机构与科技服务机构受政府资助的合作论文产出	（（AF%'集团'+'公司'+'厂'）and （AF%'技术转移'+'检验'-'医院检验科'+'检测'+'创业孵化'+'知识产权'+'咨询'+'科技金融'+'科学技术普及'+'科技普及'+'科技服务'+'情报'+'科技评估'+'项目评价'+'技术交易'+'科技成果评价'+'技术推广'+'协同创新'+'孵化'+'科技园'+'产业园'+'科学城'+'科技城'+'协会'+'学会'-'学会计'+'投资'+'金融服务'+'金融公司'+'成果转化'+'智库'+'信息服务'+'科学传播'+'科技传播'+'平台建设'+'专利代理'+'事务所'+'资产评估'+'创新中心'+'育成中心'+'转化中心'+'产业化中心'+'创业服务中心'+'创新服务中心'+'创新创业中心'+'创新创业服务中心'+'技术服务中心'+'科技服务中心'+'咨询中心'+'信息中心'+'信息研究所'+'情报研究所'）and （FU%'基金'+'省'+'部'+'委'+'国家'+'项目'+'计划'+'课题'+'资金'+'专项'）） not （AF%'学院'+'大学'+'研究所'+'研究院'+'研究中心'）
#15	GIAS	科研机构（高校）、产业机构与科技服务机构受政府资助的合作论文产出	（AF%'学院'+'大学'+'研究所'+'研究院'+'研究中心'）and （AF%'集团'+'公司'+'厂'）and （AF%'技术转移'+'检验'-'医院检验科'+'检测'+'创业孵化'+'知识产权'+'咨询'+'科技金融'+'科学技术普及'+'科技普及'+'科技服务'+'情报'+'科技评估'+'项目评价'+'技术交易'+'科技成果评价'+'技术推广'+'协同创新'+'孵化'+'科技园'+'产业园'+'科学城'+'科技城'+'协会'+'学会'-'学会计'+'投资'+'金融服务'+'金融公司'+'成果转化'+'智库'+'信息服务'+'科学传播'+'科技传播'+'平台建设'+'专利代理'+'事务所'+'资产评估'+'创新中心'+'育成中心'+'转化中心'+'产业化中心'+'创业服务中心'+'创新服务中心'+'创新创业中心'+'创新创业服务中心'+'技术服务中心'+'科技服务中心'+'咨询中心'+'信息中心'+'信息研究所'+'情报研究所'）and （FU%'基金'+'省'+'部'+'委'+'国家'+'项目'+'计划'+'课题'+'资金'+'专项'）